KB268311

세상을 움직이는
수학개념
100

MATH GEEK

세상을 움직이는 수학 개념 100

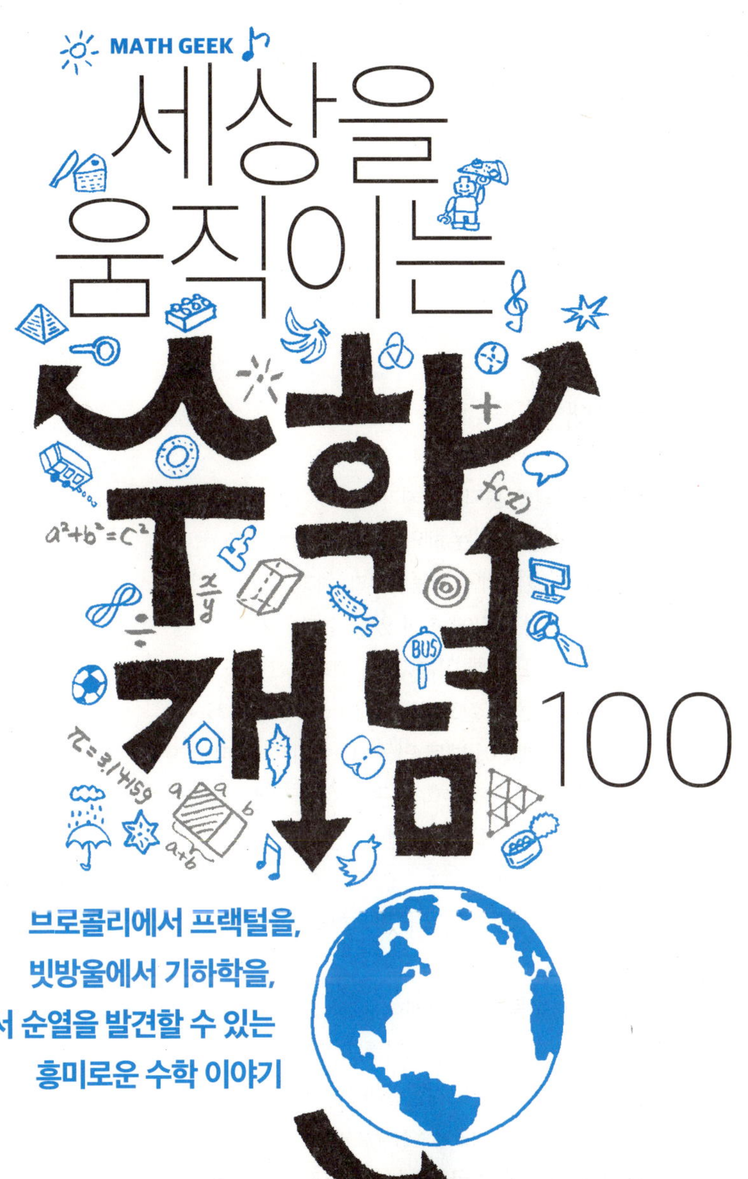

브로콜리에서 프랙털을,
빗방울에서 기하학을,
종소리에서 순열을 발견할 수 있는
흥미로운 수학 이야기

라파엘 로젠 지음
김성훈 옮김

반니

차례

2부 행동

3부 패턴

4부 특별한 숫자

수학 마니아가 된다는 것은 무슨 뜻일까? 학창시절에 수학시간을 좋아했고, 지금은 여가시간에 논리 퍼즐을 즐긴다는 의미일까? 미국 드라마 〈프루프〉나 〈넘버스〉, 영화 〈이미테이션 게임〉이나 〈뷰티풀 마인드〉처럼 수학에 관한 이야기를 다룬 대중문화에 흥미를 느끼고 수학을 더 알고 싶다는 의미일 수도 있다. 또는 공학자거나 물리학자여서 매일 고급 수학을 다룰 수도 있고, 수학을 이해하기가 좀처럼 쉽지 않아서 수많은 사람들이 매력을 느끼는 그 세계를 자기도 살짝 엿보고 싶다는 의미일 수도 있다. 그도 아니면 그저 자기 나름의 방식을 가진 마니아일 수도 있다. 결국 사람들이 수학 마니아가 되는 이유는 수학의 여러 가지 정리만큼 다양하다.

당신이 누구든 간에 나는 이 책에서 수업시간에 달달 외워 풀던 시험문제가 수학의 전부가 아니라는 것을 보여주고 싶다. 여기서는 외워야 할 것도 없고, 끝에 가서 시험을 보지도 않는다. 나는 수학이 실재 구조 안에 내재된 어떤 것임을 보여주고 싶다. 수학은 형태, 패턴, 숫자, 논증 그리고 약간의 보물을 모아놓은 집합체다. 수학은 당신이 들이마시는 공기 속에도, 당신이 걷는 인도 위에도, 매일 아침 타는 버스에도 들어 있다. 이게 도대체 무슨 뜻일까?

나는 수학이 우리가 살아가는 세상에서 살아 숨 쉬는 생생한 속성임을 보여주는 데서 한발 더 나가 예쁘기도 하다는 것을 보여주고 싶다. 그렇다고 방정식이 보기 좋다거나, 더하기 기호와 빼기 기호가 서예처럼 멋지다는 얘기는 아니다. 수학 배우기는 노을 바라보기, 시 읽기, 좋아하는 밴드의 음악 듣기와 비슷하다는 뜻이다.

수학에는 발걸음을 멈추게 하는 아름다움이 깃들어 있다. 훌륭한 영화를 보고 난 뒤 배우의 연기와 무대장치, 영화 예술에 감명 받고 극장을 나선 적이 있는가? 믿거나 말거나 수학도 그와 비슷하다. 어떤 수학자는 수학이 셰익스피어, 모차르트, 미켈란젤로 같은 문화적 시금석 목록에 함께 포함돼야 마땅하다고 주장한다. 이런 수학 전문가들은 수학 그 자체를 위해 수학을 공부해야 한다고 믿는다. 수학을 공부하지 않는 것은 마치 《햄릿》을 안 읽은 것과 비슷한 범죄행위라 생각하기 때문이다. 그저 대학입학시험에서 좋은 성적을 받기 위해 수학을 공부해서는 안 된다. 수학을 공부하는 이유는 자기 삶을 풍요롭게 만들기 위해서여야 한다.

우리는 피자에서 도넛까지, 온라인 쇼핑에서 스마트폰 GPS까지, 우리의 일상세계에 스며든 수학을 찾으러 탐험을 떠날 것이다. 버스 정류장에서 버스를 기다릴 때 마치 영원처럼 긴 시간 동안 오지 않다가 갑자기 동시에 버스 두세 대가 함께 나타나는 이유를 분석해볼 것이다. 동네 슈퍼마켓에 있는 이상하게 생긴 채소를 관찰해볼 것이고, 음악을 어떻게 번역해 스마트폰에 집어넣는지도 알아볼 것이다. 그리고 도로를 더 건설하는 것이 오히려 교통난을 가중시키는 이유 같은 이상한 역설에 대해서도 살펴보겠다.

일단 자기 주변 세상에 숨어 있는 수학의 매력적인 개념을 배우고 나면 수학의 가치를 제대로 이해할 수 있다. 버스를 기다리면서 함께 통근하는 동료에게 수학의 매력을 들려줄 수도 있다. 시간은 충분하다. 어차피 버스는 또 늦을 테니까.

1부

형태

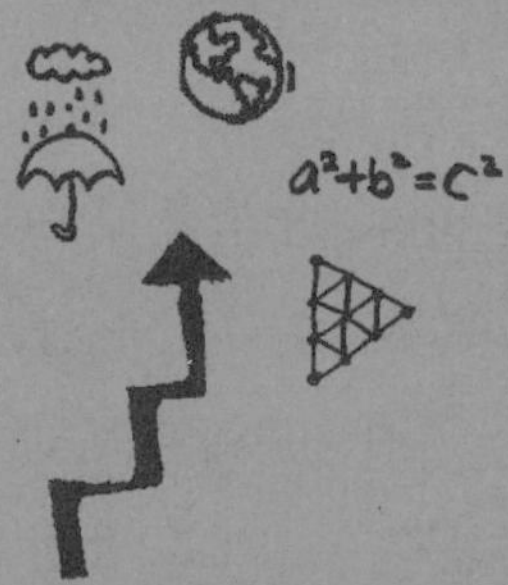

브로콜리의 아름다움

수학 개념 : 자기유사성

동네 슈퍼마켓에서 과일이나 채소를 아주 가까이서 관찰해본 적이 있는가? 개중에는 소름 끼치게 생긴 것도 있다. 예를 들어 부처님 손을 닮았다는 감귤인 노란색 불수감은 꼭 하워드 필립스 러브크래프트H.P. Lovecraft(미국의 유명한 괴기 · 호러 소설가)의 소설에 나오는 오징어 꼴 생명체처럼 생겼다. 어떤 것들은 기이하게 아름답다. 고구마는 기형으로 생긴 혹투성이 찰흙덩어리처럼 생겼고, 양파를 잘라보면 나무의 나이테처럼 원 안에 원이 포개진 모양을 하고 있다. 사과를 가로로 잘라보면 씨앗들이 별 모양으로 배열되어 있는데, 이런 구조를 보면 이상하게 즐거워진다. 심지어 꽃가게에서 파는 관상용 양배추도 일종의 기하학적 매력이 있다.

굳이 채소가 지닌 아름다움의 극치를 따지자면 감히 로마네스코 브로콜리Romanesco broccoli를 따라올 것이 있을까? 사실 이 채소를 보면 도무지 눈을 뗄 수 없다. 꽃양배추의 한 종류인 로마네스코 브로콜리

는 솔방울과 흡사한 형태를 띠고 있는데, 표면에는 더 작은 솔방울 형태가 무리 지어 있고, 각각의 작은 솔방울 형태 위에는 그보다 더 작은 솔방울 형태가 무리 지어 얹혀 있는 식으로 이루어져 있다. 각각의 작은 솔방울 형태는 그보다 큰 원래의 솔방울 형태와 비슷하게 생겼다. 어찌나 비슷한지 표면의 솔방울 형태를 잘라 사진을 찍은 다음 확대해 전체 브로콜리 사진 옆에 놓으면 크고 작은 쪽을 가려내기 힘들 정도다.

수학자들은 로마네스코 브로콜리의 형태가 자기유사성을 갖고 있다고 말한다. 그 형태를 확대해 자세히 들여다보면 확대하지 않았을 때와 똑같아 보인다. 한 물체를 어떤 척도에서 보아도 비슷하게 보인다는 의미인 자기유사성은 프랙털^{fractal}의 독특한 특징이기도 하다. 프랙털을 연구하고 대중화한 인물은 수학자 브누아 망델브로^{Benoît Mandelbrot}다. 그가 1982년 펴낸《자연의 프랙털 기하학^{The Fractal Geometry of Nature}》은 이런 종류의 사물을 세상에 알리는 역할을 했다. 이 책은 그가 1977년 펴낸《프랙털 : 형태, 우연, 차원^{Fractals : Form, Chance and Dimension}》의 개정판이라 해도 무방하다. 망델브로는 자연에서 자기유사성을 띠는 형태를 많이 찾아냈다. 들쭉날쭉한 해안선, 구름의 형태, 나뭇잎의 정교한 잎맥 무늬 등이 여기에 해당한다. 자연은 자기유사적인 형태를 좋아해 이런 형태를 찾으려 들면 들수록 더 많이 찾을 수 있다.

망델브로 집합 Mandelbrot set

브누아 망델브로가 연구한 내용에는 망델브로 집합이라 불리는 것도 있다. 어느 한 수열을 무한으로 발산하지 않는 복소수로 이루어진 집합을 말한다. 이 집합을 그래프로 나타내면 매혹적인 아름다움을 지닌 둥그스름한 형태

가 나온다. 이 도형에서 어느 부분을 취하더라도, 그것을 확대해 들어가면 더욱 세밀한 그림이 나온다. 이런 까닭에 수학자들은 이 도형에 흥미를 느낀다. 이 도형을 확대하다보면 처음의 망델브로 집합과 비슷한 형태가 반복적으로 등장하는 것을 볼 수 있다.

자에 따라 달라지는 해안선 길이

수학 개념 : 측정

길이를 재는 것만큼 간단한 일이 또 있을까? 탁자 길이를 알려면 줄자를 갖다 대보면 그만이다. 마을과 마을 사이의 거리를 알려면 도로 지도를 가져다가 두 마을 사이의 거리를 자로 잰 다음, 지도의 척도를 적용해 센티미터 단위를 킬로미터 단위로 변환하면 끝이다.

그런데 해안선 길이를 측정하려면? 일반적으로 측정 단위가 작아질수록 해안선 길이가 늘어난다. 이론상 측정 단위가 작아질수록 해안선 길이는 무한으로 증가하는데, 어떻게 이럴 수 있을까?

들쭉날쭉 불규칙한 해안선을 확대해 들어가면 더 세세한 부분이 계속 등장한다. 인공위성에서 북아메리카 대륙을 내려다보면 해안선은 비교적 밋밋하게 보인다. 그런데 걸음걸이로 해안선을 측정하려 하면 강어귀와 튀어나온 작은 땅덩어리, 바위 등의 지형적 특색도 측정에 포함된다. 무릎을 꿇고 엎드려 살피면 해안선에 걸쳐 있는 조약돌이나 나뭇잎 따위도 무시할 수 없다. 더 세밀한 세부사항으로 파고

들수록 측정 단위는 킬로미터에서 미터, 센티미터, 마이크로미터로 점점 줄어든다. 단위가 줄어들 때마다 측정해야 하는 길이는 더 늘어난다. 100km짜리 막대자로 영국의 해안선 길이를 재면 2,800km 정도다. 하지만 막대자의 길이를 50km로 줄이면 3,400km가 나온다.

해안선의 역설은 수학 덕분에 놀랍도록 정교한 측정이 가능해진 것은 사실이지만, 도리어 실재에 구조적으로 내재한 불분명한 속성이 드러날 수도 있음을 잘 보여준다.

그림2 막대자의 길이에 따라 달라지는 해안선 길이

캐나다 해안선

해안선 길이가 가장 긴 나라는 캐나다로, 그 길이가 24만 4,781km에 이른다. 만약 30cm 막대자로 잰다면 이 길이가 얼마나 늘어날까?

재미있고 효율적인 거품

수학 개념 : 부피

햇살 좋은 여름 한낮, 공원에 나와 있다고 상상해보자. 비누 거품을 갖고 노는 아이가 한두 명쯤 있을 것이다. 작은 플라스틱 막대기로 만든 비누 거품이든, 빨대를 끈으로 엮어 커다란 고리로 만든 비누 거품이든 반짝이며 공중을 떠다니는 비눗방울은 보기만 해도 즐겁다.

거품은 수학적 사고의 원천이기도 하다. 수학자들은 주어진 부피의 공기를 최소의 표면적으로 가둘 수 있는 도형이 구체라는 것을 이미 오래전부터 알았다. 그런데 두 구획으로 나누어 공기를 가두려 할 때는 어떨까? 쌍거품을 이용하는 것이 가장 좋은 방법이리라는 추측은 있었다. 거품 목욕을 해본 사람이라면 쌍거품을 본 적이 있을 것이다. 쌍거품은 두 거품이 만났을 때 형성되는 모양이다. 보통 두 거품은 중간에서 평면의 막으로 나뉜다. 한쪽 거품이 다른 쪽보다 큰 경우에는 이 중간막이 더 큰 거품 쪽으로 살짝 밀려난다. 1995년 수학자 조엘 하스[Joel Hass], 마이클 허칭스[Michael Hutchings], 로저 슐래플리[Roger Schlafly]는 쌍거품 형태야말로 똑같은 크기의 두 부피로 나뉜 공기를 가두는 가장 효율적인 방식임을 증명하는 논문을 발표했다. 그런데 두 부피가 같지 않다면? 그래도 쌍거품 형태가 최소 표면적으로 공기를 가두는 방법일까?

그 대답은 '그렇다'이다. 2000년 수학자 프랭크 모건[Frank Morgan], 마이클 허칭스, 마누엘 리토레[Manuel Ritoré], 안토니오 로스[Antonio Ros]는 좀 더 일반적인 결론을 제시하는 증명을 발표했다. 크기와 상관없이 두 부피로 나뉜 공기를 최소의 표면적으로 가둘 수 있는 형태가 쌍거품 형태임을 증명한 것이다. 이들은 한 거품이 다른 거품의 가운뎃부분 둘레를 도넛처럼 감싸는 괴상한 형태를 비롯해(수학에서 도넛 형태는 '원

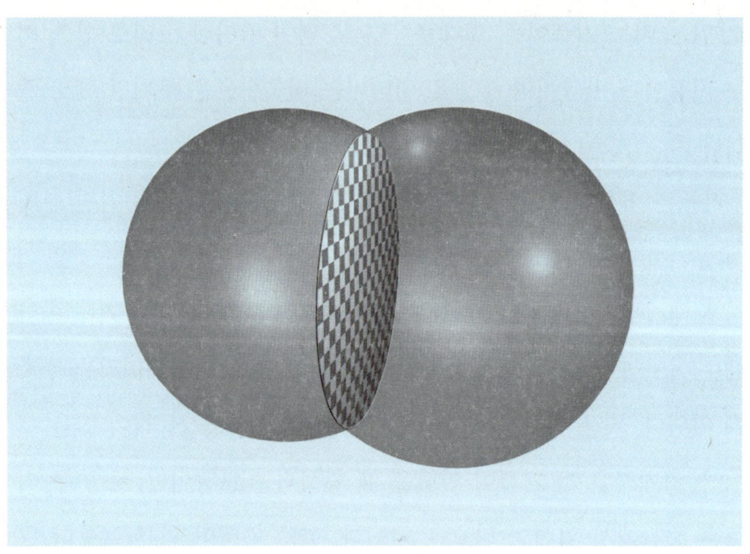

그림3 두 거품이 만나서 형성되는 쌍거품

18

환체'라는 특별한 이름을 갖고 있다. 이 용어는 위상수학 분야에서 자주 등장한다.) 합쳐진 두 거품이 취할 수 있는 무수히 많은 형태 중 쌍거품 형태가 표면적이 가장 적다는 사실을 입증했다. 컴퓨터를 이용하지 않고도 말이다.

이는 수학이 추론으로 자연의 작동방식을 증명해 그 비밀을 밝혀낸 한 가지 보기다. 필요한 것은 종이와 연필 한 자루뿐이다.

마란고니 효과Marangoni effect

비누 거품이 순수한 물 등 다른 물질로 만든 거품보다 더 오래가는 이유는 마란고니 효과 덕분이다. 마란고니 효과는 표면장력이 서로 다른 영역의 경계를 따라 일어나는 물질의 흐름을 기술하는 이론이다. 1865년 이 이론을 발표한 이탈리아 물리학자 카를로 마란고니Carlo Marangoni의 이름을 따서 지어졌다. 비누 거품에서는 마란고니 효과가 거품의 경계를 안정시키는 역할을 하기 때문에 비누 거품이 일반 거품보다 더 강하고 오래 지속된다.

잭슨 폴락의 그림에 숨어 있는 수학

수학 개념 : 프랙털

잭슨 폴락Jackson Pollock은 20세기를 상징하는 중요한 작품들을 창조했다. 몇몇 연구자들은 그 그림의 매력이 수학에서 비롯되었다고 설파했다. 특히 과학자들은 폴락이 1940년대에 완성한 드립 페인팅에 프랙털이 들어 있다고 주장했다. 프랙털이란 작은 규모와 큰 규모 모두에서 반복되는 기하학적 패턴을 말한다. 어떤 사람은 폴락의 작품이 우리 주변에 있는 일부 프랙털 속성을 잘 포착하고 있기 때문에 더욱 매혹적이라 주장한다. 프랙털은 자연계에 자주 등장하는데, 구름의 형태가 그렇다.

선이 1차원, 축구공이 3차원이듯이 프랙털도 차원이 있다. 그렇지만 그런 사물들과 달리 프랙털의 차원은 소수가 포함되는 경우가 많다. 일반적으로 수학자들은 프랙털 차원을 0에서 3 사이의 숫자로 나타내는 척도에 따라 분류한다. 분절 선 같은 일부 1차원 프랙털은 0.1에서 0.9 사이의 프랙털 차원이다. 해안선의 윤곽 같은 2차원 프랙털

은 1.1에서 1.9 사이의 프랙털 차원이고, 콜리플라워 같은 3차원 프랙털은 2.1에서 2.9 사이의 프랙털 차원이다.

1990년대 후반 물리학자 리처드 테일러Richard Taylor는 폴락의 드립 페인팅이 프랙털 속성을 갖고 있다고 생각하고, 그의 작품에 담긴 프랙털 속성을 측정할 수 있다는 의견을 제시했다. 특별한 분석 방법을 사용하면 어떤 그림이 주어졌을 때 그것이 폴락의 작품인지 아닌지 알 수 있다는 것이다.

테일러의 검사 방법은 이렇다. 스캐닝한 폴락의 그림 사진을 컴퓨터로 가져와 디지털 이미지 위에 격자를 씌운다. 그런 다음 네모 칸 안에 들어 있는 패턴을 그림 전체 크기로 확대하거나 몇 분의 1센티미터 크기로 축소해 비교하는 등 컴퓨터로 그림을 분석한다. 그럼으로써 테일러는 폴락의 그림이 실제로 프랙털을 담고 있음을 발견했다. 예를 들어 〈14번〉 그림은 여러 해안선의 차원과 비슷한 1.45 프랙털 차원인 것으로 밝혀졌다.

하지만 수년 후 미국 클리블랜드에 있는 케이스웨스턴리저브 대학교의 연구자들은 테일러의 폴락 작품 선별 검사법이 신뢰도가 떨어진다는 증거를 찾아냈다. 한 박사과정 학생이 포토샵을 이용해 만들어낸 거친 별 스케치 그림이 테일러의 검사법을 통과한 것이다. 또 다른 연구에서는 케이스웨스턴리저브 대학교 학부생이 그린 두 그림이 테일러의 검사법을 통과한 반면, 폴락의 진품 두 점은 검사를 통과하지 못했다. 이 연구자들은 테일러의 검사법에는 어느 특정 그림이 폴락의 작품인지 아닌지 판단하는 데 필요한 다양한 크기의 네모 칸이 충분히 포함되지 않았다고 결론 내렸다.

피에트 몬드리안 Piet Mondrian

피에트 몬드리안의 그림을 검색하면 그림에 수학이 사용된 더욱 직접적인 예를 만날 수 있다. 그는 자신의 작품에 직선과 사각형을 사용해 아주 좋은 효과를 보았다.

눈송이의 또 다른 아름다움

수학 개념 : 코흐 곡선

프랙털에는 기이한 면이 있다(4번 참조). 말로 설명하기는 어렵지만 사례로 보여주기는 쉬운 기이함이다. 코흐 곡선을 바탕으로 만든 도형인 코흐 눈송이Koch snowflake가 그런 예에 속한다. 코흐 곡선은 스웨덴 수학자 닐스 파비안 헬게 폰 코흐Niels Fabian Helge von Koch가 처음 기술했다. 코흐 눈송이를 만들려면 정삼각형을 갖고 시작한다. 먼저 각각의 변을 길이가 같은 선분으로 3등분한다. 각 변의 중앙 선분을 밑변으로 하고 꼭짓점이 바깥을 향하는 정삼각형을 만든다. 이 과정을 무한히 반복한다.

이 과정에서 한 가지 이상한 결과가 나온다. 코흐 눈송이가 결국에는 무한한 길이로 늘어난다는 것이다. 한 변의 중앙 선분에서 새로운 삼각형을 만들 때마다 길이는 1/3만큼 늘어난다. 이 과정이 무한히 이어지기 때문에 눈송이 둘레도 무한히 늘어난다.

여기서 또 한 가지 이상한 결과가 나타난다. 눈송이 둘레는 계속

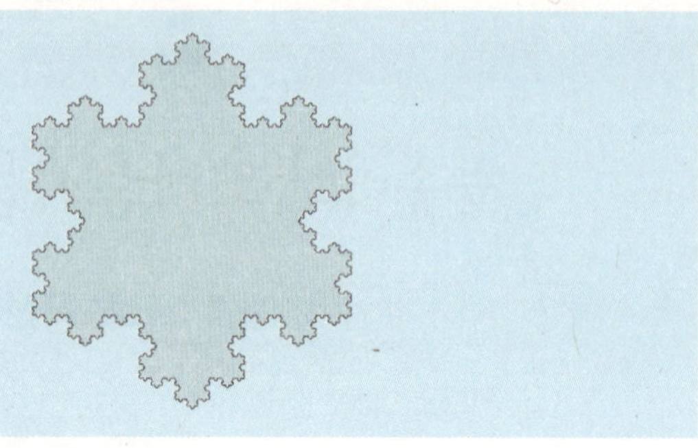

커지기 때문에 한계 없이 무한히 늘어나는 반면, 눈송이 면적은 계속 증가는 하지만 한계가 있다는 점이다. 처음에 주어진 삼각형을 두르는 원을 하나 그리면 코흐 눈송이 면적이 그 원의 면적을 넘지 못한다는 것을 알 수 있다. 원의 면적에 가까워질 수는 있으나 결코 뛰어넘지는 못한다. 무한한 길이를 가진 수학적 대상이 유한한 면적에 갇혀 있는 셈이다. 참으로 기이한 일이다!

체사로 프랙털 Cesàro fractal

어떤 프랙털은 더하기가 아니라 빼기로 형성된다. 코흐 눈송이는 선분의 중앙에 뾰족한 삼각형을 더해서 만들었지만, 체사로 프랙털이란 변형 프랙털은 뾰족한 삼각형을 빼서 만든다. 그렇게 하면 상어한테 씹힌 듯 보이는 눈송이가 만들어진다. 하지만 양쪽 모두 복잡해질수록 사람의 눈에는 결국 점점 더 비슷해 보인다.

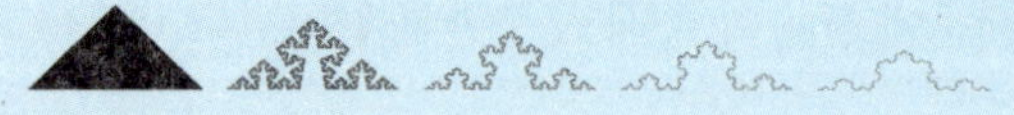

당신은 4차원에 살고 있는가?

수학 개념 : 클라인 병

클라인 병Klein bottle은 기이하다. 좀 더 자세히 설명해보자. 이것을 이해하려면 4차원을 머릿속에 그릴 수 있어야 한다. 4차원은 우리의 3차원 공간과 직각으로 존재하는 공간이라 할 수 있다. 클라인 병은 기이하기는 하지만 우주의 운명을 밝혀줄 비밀을 품고 있는지도 모른다.

1882년 독일 수학자 펠릭스 클라인Felix Klein이 처음 기술한 클라인 병의 원래 이름은 클라인 곡면Kleinsche Fläche이었다. 하지만 사람들이 이것을 클라인 병Kleinsche Flasche으로 오해했던지, 이 이름이 그대로 굳어졌다. 클라인 병은 사실 2차원 다양체인 곡면이다. 구체와 마찬가지로 가장자리가 없다. 클라인 병은 또한 곡면을 따라 이동하다보면 방향이 바뀐다는 의미에서 비가향성이다.

클라인 병이 유명한 또 다른 이유가 있다. 이것은 안과 밖의 구별이 없다. 이 둘은 하나의 공간으로 합쳐져 있다. 클라인 병은 다음에

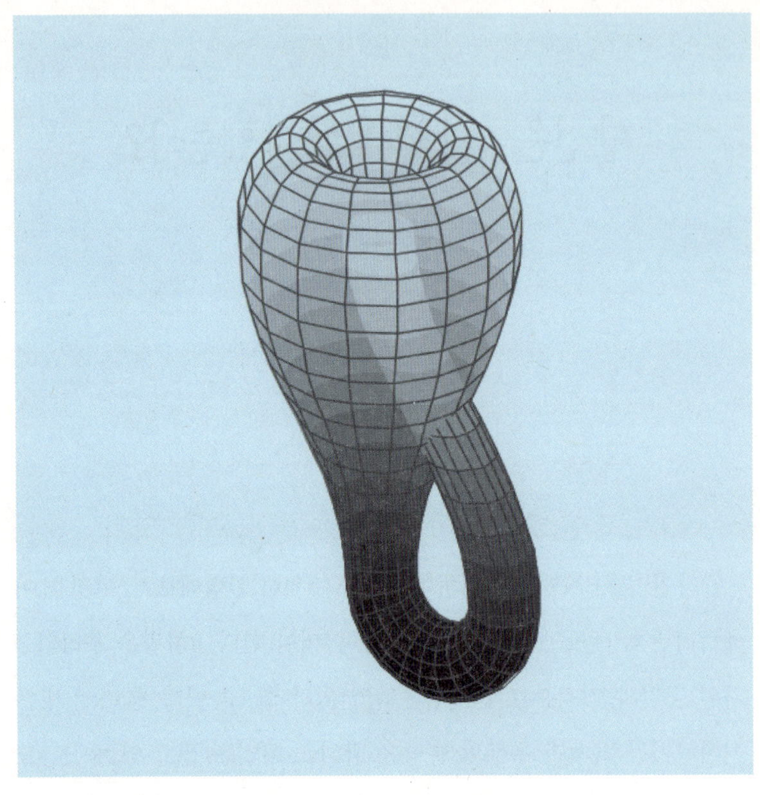

나오는 뫼비우스의 띠와 비슷한 것으로 생각할 수 있다. 뫼비우스의 띠는 면이 하나밖에 없는 도형이다. 사실 클라인 병을 둘로 자르면 두 개의 뫼비우스 띠가 된다.

클라인 병과 관련해 또 한 가지 주목할 점은 이것이 3차원 공간에서는 존재할 수 없다는 사실이다. 종이 한 장으로 클라인 병을 만들려고 하면, 먼저 종이를 실린더 모양으로 말아야 한다. 다음에는 양쪽 끝을 그냥 이어붙여 도넛 형태를 만드는 대신 한쪽 끝을 뒤집어 이어붙여야 한다. 그런데 실린더의 한쪽 끝을 4차원으로 '들어올리지' 않고는 뒤집어 이어붙이기가 불가능하다. 우리는 3차원 세계에 살기 때문에 우리가 할 수 있는 최선의 방법은 한쪽 끝을 실린더 몸통을 뚫고 들어가게 한 다음 뒤집어 반대편 끝과 이어붙이는 것이다. 그 결과 자신과 교차하는 도형이 만들어지지만, 우리가 4차원 세계에 살고 있었다면 클라인 병은 자신과 교차하지 않았을 것이다.

그 이유를 이해하기 위해 우리가 2차원 세계에 살고 있다고 상상해보자. 그리고 그 공간 안에 2차원의 끈이 있다고 해보자. 누군가가 당신에게 그 끈으로 8자 모양을 만들되 끈이 자신과 교차하지 않게 하라고 하면 막막할 것이다. 어떻게 그것이 가능하단 말인가? 그렇게 하려면 그 끈을 어떻게든 3차원 공간으로 '들어올려야' 한다. 그러면 끈이 자신과 교차하지 않는 8자 모양을 만들 수 있다.

다시 클라인 병과 우주의 운명 사이의 관계로 돌아가보자. 항성과 은하계, 심지어 공간 그 자체의 운명을 비롯한 우주의 미래는 부분적으로 우주의 전체적인 형태에 달려 있다. 과학자들은 지금까지 관찰한 내용에 부합하는 수많은 갖가지 형태의 도형을 제안해왔다. 그중 일부는 모든 방향으로 무한히 뻗은 편평한 종이를 닮았다. 이것은 유클리드 3차원 다양체라고 알려진 3차원 공간이다. 하지만 다른 도형들은 닫혀 있다. 아주 크기는 하지만 결국 자기 자신에게 돌아온다는 얘기다. 닫힌 도형의 한 본보기가 구체다. 구체 표면의 어느 점에서 출발하더라도 직선을 따라 움직이다보면 시작점으로 돌아온다. 그렇지만 우주는 아주 다른 모양을 하고 있는지도 모른다. 우리는 구체 모양의 우주에 살고 있는데도 우리와 접한 주변 환경만 보면 무한히 크고 넓은 평면에서 사는 것처럼 느낄 수 있다. 우리가 사는 구역에서는 우주가 모든 방향으로 직선으로 뻗어 있지만, 관찰이 불가능한 아주 먼 곳으로 나가면 우주가 말안장이나 실린더 모양으로, 아니면 클라인 병처럼 생겼는지도 모를 일이다.

그러니 4차원이 일상생활과 아무 관련 없는 것이라 생각한다면 다시 생각해볼 필요가 있다. 당신이 4차원 공간에서 살고 있는지도 모를 일이니까.

펠릭스 클라인

1849년 태어난 펠릭스 클라인은 독일 괴팅겐 대학교에서 수학을 가르쳤고, 기하학에 깊은 흥미가 있었다. 그는 철학자 게오르크 빌헬름 프리드리히 헤겔 Georg Wilhelm Friedrich Hegel의 손녀와 결혼한 것으로도 유명하다!

07

더 나은 컨베이어 벨트 만들기

수학 개념 : 뫼비우스의 띠

수학에서는 작은 것이 아주 큰 결과를 가져올 수 있다. 예를 들기 위해 종이 띠를 찾아보자. 양손으로 종이 양쪽 끝을 잡고 180도 비튼 다음 풀로 양쪽을 이어붙인다. 방금 당신은 기초적인 사무용품으로 수학적으로 기이하기 짝이 없는 존재를 만들었다. 이것을 뫼비우스의 띠Möbius strip라 한다.

뫼비우스의 띠가 특별한 이유는 수학적으로 이 도형이 비가향성이기 때문이다. 여기서 비가향성이란 면이 하나밖에 없다는 뜻이다. 이게 무슨 말도 안 되는 소리인가 싶겠지만, 이것은 당신이 직접 증명할 수 있다. 연필로 띠 어느 쪽에서든 선을 이어서 그려보자. 연필이 종이 바깥으로 빠져나가지 않게 띠의 양쪽 절단면과 평행하게 그어야 한다. 그럼 연필은 결국 시작점으로 돌아올 것이다. 이렇게 그린 선이 뫼비우스 띠의 모든 면을 거쳐 간다는 점이 중요하다. 이 띠가 안과 밖의 두 면을 갖고 있었다면, 선은 어느 한쪽 면에만 그려지고 반대 면에는 그려지지 않았을 것이다.

한쪽 면밖에 없는 물체라고 하니 굉장히 이질적으로 들리고, 실제로도 그렇지만, 뫼비우스의 띠는 수학책과 칠판을 넘어 바깥세상에도 등장한다. 1957년 굿리치 컴퍼니는 뫼비우스의 띠 모양 컨베이어 벨트를 만들었다. 반 바퀴 비틀어 컨베이어 벨트를 만드니 벨트 양면을 다 사용할 수 있어서 마모 속도를 늦출 수 있었다. 일부 레코드 테이프와 타자기 리본을 뫼비우스의 띠 모양으로 디자인한 것 역시 같은 이유이다. 더 많은 면적을 사용할 수 있어서 제품의 사용기간이 늘어났다. 뫼비우스의 띠는 전자공학의 세계, 특히 일부 저항기(전자회로에 저항을 제공하는 장치)의 형태에도 이용되었다. 그리고 생물학 분야에도 나타나는데, 어떤 분자는 뫼비우스의 띠 구조를 하고 있다.

그림7 면이 하나밖에 없는 뫼비우스의 띠

뫼비우스의 띠는 이것을 발견한 19세기 독일 수학자 아우구스트 페르디난트 뫼비우스August Ferdinand Möbius의 이름을 따서 지어졌다. 거의 같은 시기에 19세기 독일 수학자 요한 베네딕트 리스팅Johann Benedict Listing도 이 띠를 발견했음이 밝혀졌다. 그는 위상수학이라는 용어를 붙인 수학자이기도 하다. 뫼비우스의 계보를 보면 몇 가지 점이 눈에 띈다. 16세기 초 종교개혁의 시작을 도왔던 종교사상가 마르틴 루터Martin Luther는 그의 조상이다. 그리고 그는 뛰어난 수학자인 카를 프리드리히 가우스Carl Friedrich Gauss에게 배우기도 했다.

뫼비우스의 띠는 누구나 만들 수 있는 간단한 사물이 심오한 수학적 함축을 담을 수 있음을 보여주는 훌륭한 본보기다. 자기 손안에 수학을 쥐고 있는 것만큼 짜릿한 기분이 있을까?

음악 화음

음악과 수학은 흥미로운 상관관계를 갖고 있다. 음악이론가들은 가끔 종이 위에 3도 화음, 4도 화음, 5도 화음, 옥타브 등, 두 음표로 구성된 다양한 화음이 서로 어떻게 관련되어 있는지 그래프로 보여주면서 화음을 두 가지 방식으로 쓸 수 있다는 점도 고려한다(예를 들면 C–F 또는 F–C). 종이 위에서 이런 관계를 포착하려면 이것을 비틀고 돌려서 뫼비우스의 띠로 만들어야 한다.

08

신발 끈과 DNA의 수학적 관계

수학 개념 : 매듭이론

신발에서 수학을 발견하리라고는 생각하지 못했을 것이다. 잠시 눈길을 돌려 신발 끈의 매듭을 보자. 비비 꼬인 이 매듭이 수학적 사고로 들어가는 관문이 될 수 있다. 이것을 다루는 수학 분야를 매듭이론knot theory이라 한다. 수학에서 말하는 매듭은 우리가 일상 경험에서 접하는 매듭과 한 가지 중요한 차이가 있다. 수학의 매듭은 양 끝단이 연결되어 있다. 수학 용어로 하면 이 매듭들은 '닫혀' 있다. 당신도 닫힌 매듭을 직접 만들 수 있다. 끈을 가져다가 일반적인 스퀘어 매듭을 묶어보자. 그리고 두 끝단을 테이프로 이어보자. 그럼 말랑한 프레첼처럼 생긴 것이 만들어지는데, 이것은 분명 매듭이다!

매듭이론에는 익숙한 부분도 있지만 자기만의 독특한 특징도 있다. 콜린 애덤스Colin Adams가《매듭 책The Knot Book》에서 수학적으로 정의한 데 따르면, 매듭이란 그 어디서도 자신과 교차하지 않는 공간 속의 폐곡선이다. 이런 정의를 보면서 가장 간단한 매듭은 어떤 것일까

그림8 세잎 매듭

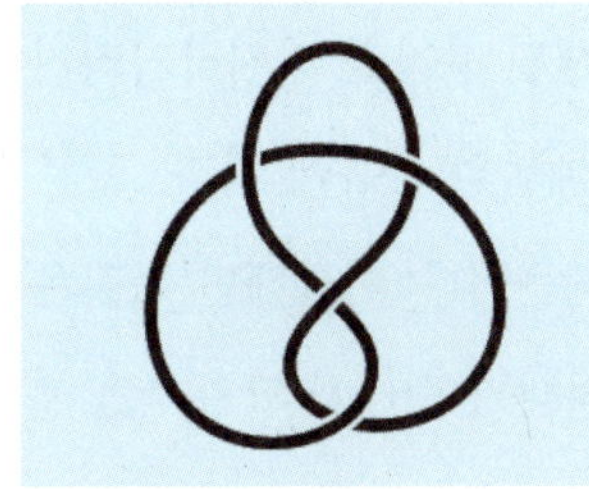

그림9 8자 매듭

궁금해할지도 모르겠다. 그 매듭은 바로 원이다. 매듭이면서 매듭이 아닌 이것은 《이상한 나라의 앨리스》에 나오는 알쏭달쏭한 이름처럼 풀린 매듭unknot'으로 불린다(자명한 매듭이라고도 한다). 풀린 매듭 다음으로 간단한 매듭은 세잎 매듭과 8자 매듭이다.

매듭이론 학자는 대체 어떤 사람들일까? 이들은 주어진 매듭을 자르지 않고도 풀 수 있는지, 또는 한 매듭을 갖고 놀다보면 그것이 형태만 낯설

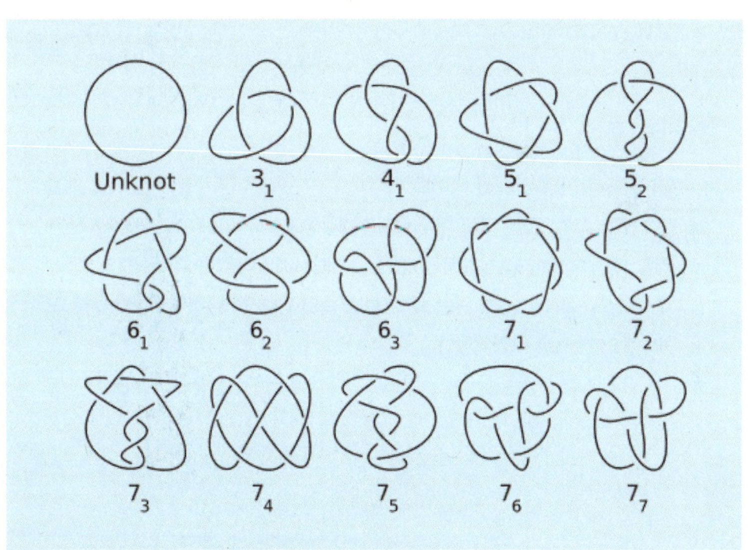

그림10 알렉산더−브릭스 표기법에 따른 매듭의 분류

뿐 본질적으로 풀린 매듭임을 밝힐 수 있지 않을까에 흥미를 느끼는 사람들이다.

수학자만 매듭이론에 관심이 있는 것은 아니다. 생물학자는 DNA 때문에 매듭이론에 관심이 있다. 생명체의 물질을 암호화하는 분자인 DNA도 가끔 매듭이 생길 때가 있다. 이런 매듭이 유기체의 세포 내 장치의 DNA 분자정보 해석방식에 영향을 미칠 수 있다. 화학자 역시 매듭에 관심이 있는데, 그중 매듭이 생긴 분자를 만지작거리기 좋아하는 사람이 많다. 특정 분자에 생긴 매듭의 종류에 따라 그 분자의 행동방식이 완전히 달라질 수 있기 때문이다. 이를테면 똑같은 물질이라도 한 형태에서는 기름처럼 행동하다가 형태가 달라지면 젤처럼 행동할 수도 있다. 분자가 한두 번만 꼬여도 극적인 영향이 있을 수 있는 것이다.

테이트 추측

19세기 수학자 피터 거스리 테이트Peter Guthrie Tait는 교차점 수를 기준으로 매듭을 분류했다. 그는 또한 교대 매듭(끈이 위아래를 교대로 가로지르며 만들어지는 매듭), 키랄 매듭(자신의 거울상과 동등하지 않은 매듭), 매듭의 비틀림수(매듭의 비틀림을 기술하는 기하학적인 양)에 관한 세 가지 추측도 내놓았다. 이 세 가지 추측 모두 근래 들어 참으로 증명되었다.

지하철 노선도에서 생략된 것

수학 개념 : 위상수학

전 세계 어느 도시에 있건 간에 지하철 노선도를 한번 살펴보라. 무엇이 보이는가? 구불구불 이어지는 도로의 모습을 정확히 보여주는 지도책과 달리 지하철 노선도는 비교적 단순하다. 지하철 노선도는 직선과 원, 부드러운 곡선으로 이루어진다. 자기가 아는 도시의 지하철 노선도를 확인해보라. 지하철이 노선도처럼 단순한 경로를 따라 이동하는 경우는 드물다. 지하철도 한 역에서 다음 역으로 갈 때 구불구불 이어진 노선을 따라 이동한다. 실제 경로와 노선도가 큰 차이를 보이는데도 지하철 노선도는 길을 찾는 데 도움을 준다. 그렇게 많은 정보를 생략한 지하철 노선도가 어떻게 유용하게 쓰일 수 있는 걸까?

그 해답은 위상수학topology이라는 수학 분야에 있다. 기하학과 관련 있는 위상수학은 도형을 늘리고 축소하고 잡아당기고 비틀고 일그러뜨렸을 때 그 도형에 어떤 변화가 생기는지 연구하는 학문이다. 위상

수학을 의미하는 영단어 'topology'는 장소와 연구 또는 측정을 의미하는 그리스어에서 유래했다. 위상수학에서 연구하는 변화는 한 가지 법칙을 따라야 한다. 그 변화가 원래 도형의 온전함을 침해해서는 안 된다는 것이다. 예를 들어 도형을 잘라 다시 이어붙이는 것은 위상수학의 적절한 연구대상이 될 수 없다. 반면 고무줄을 끊어지기 직전까지 잡아당기거나, 공 모양으로 뭉치거나, 프레첼 모양으로 꼬아놓은 것은 모두 인정된다. 한마디로 위상수학에서는 새로운 도형을 한 번의 연속동작으로 원래의 도형으로 되돌릴 수 있어야 한다. 이것이 가능하면 위상수학에서는 두 도형을 동일한 것으로 본다.

이제 지하철 노선도와 지하철의 실제 이동경로 사이의 관계가 분명해진다. 지하철 노선도는 물리적인 지하철 노선을 위상수학적으로 변환시켜놓은 것이다. 어찌 보면 이 노선도는 지하철의 실제 경로를 마치 고무찰흙을 만지듯이 매끄럽게 늘려놓은 것이라 할 수 있다. 위상수학 입장에서 보면 지하철 노선도와 대중교통 체계에 실제로 존재하는 지하철 노선은 똑같은 도형이다.

세계에서 가장 긴 지하철 노선

세계에서 길이가 가장 긴 지하철 노선은 중국의 상하이 지하철로, 노선 길이가 530km가 넘는다. 그렇지만 세계에서 중간 기착 역이 가장 많은 지하철은 뉴욕시 지하철로 공식적으로 역이 468개다.

종이접기

수학 개념 : 기하학

종이접기놀이는 미국에서 아이들의 취미활동으로 인기를 끌고 있다. 종이접기로 만든 학과 컵, 풍선 등을 구경한 사람은 많다. 그런데 종이접기와 수학의 강한 상관관계를 아는 사람은 많지 않다.

종이접기놀이의 한 가지 매력은 이것이 전통 수학, 특히 기하학을 뛰어넘는 힘을 갖고 있다는 것이다. 다른 도구 없이 접은 종이만 갖고도 한 각도를 삼등분할 수 있으니까. 컴퍼스와 직선자를 이용하는 전통 기하학의 작도에서는 불가능한 일이다. 종이접기를 이용하면 한 정육면체보다 두 배 큰 정육면체도 만들 수 있다(정육면체 배적 문제). 이 또한 표준 기하학에서는 불가능한 작업이다.

고대 이집트인과 그리스인도 정육면체 배적 문제를 알고 있었다. 정육면체를 두 배로 만들려면 변의 길이와 부피가 주어진 정육면체에서 시작해 부피가 두 배인 새로운 정육면체를 만들어야 한다. 이것은 작도로는 불가능하다. 주어진 정육면체의 변의 길이를 1로 보면

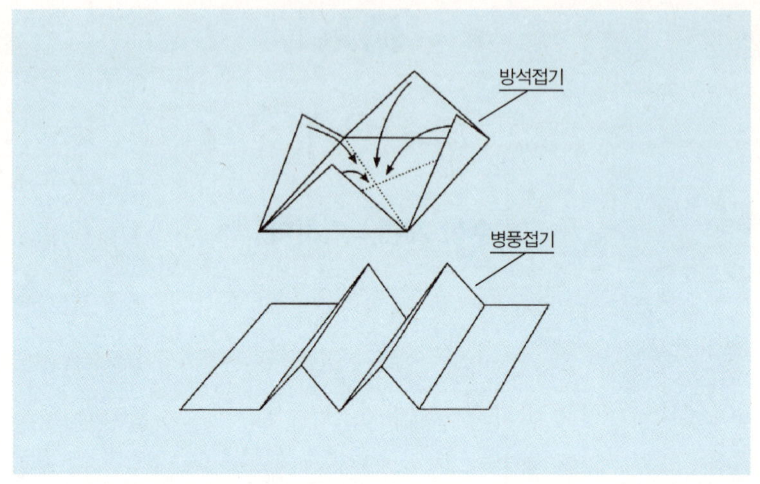

그림11 기하학적 공리를 가진 종이접기

부피가 두 배인 정육면체의 변의 길이는 2의 세제곱근이 돼야 하는데, 컴퍼스와 자로는 이 길이를 만들어낼 수 없다.

사실 종이접기를 수학적으로 연구한 결과 종이접기 자체의 기하학 공리가 나왔다. 이것은 2,000여 년 전 유명한 그리스 수학자 유클리드Euclid가 만들어낸 공리와 비슷한 원리와 정의의 집합이다. 이 일곱 가지 원리는 '후지타-하토리 공리'로 알려져 있다. 이 공리는 한 번의 접기를 수행할 수 있는 모든 방법을 나열하고 있다. 종이접기의 수학은 '가와사키의 정리'도 낳았다. 한 점을 둘러싸는 각의 집합에서 각도를 하나 걸러 하나씩 모두 합하면 180도가 나온다는 정리다.

종이접기는 자체적인 증명과 공리를 완벽하게 갖추어 그 자체로 하나의 수학 영역이 되었을 뿐 아니라 소재 또한 수학적인 경우가 많다. 어떤 사람은 삼각형, 오각형처럼 생긴 모듈식 종이접기 부품으로

3차원 형상을 만들기도 하고, 어떤 사람은 정다면체(다면체란 평면다각형의 면으로 둘러싸인 3차원 도형)로 구성된 다섯 가지 기본 도형인 플라톤 입체Platonic Solid를 종이접기 버전으로 만들기도 한다. 또 어떤 종이접기 예술가는 정사각형과 나비의 잡종처럼 보이는 말안장 형태의 쌍곡포물면hyperbolic parabola을 구성하기도 하고, 종이접기를 이용해 피타고라스의 정리를 증명하는 사람도 있다.

어찌 보면 종이접기와 수학은 똑같은 개념적 DNA를 공유하는 듯하다. 자기 손으로 어떤 형태를 만들어 수학적 개념을 잘 이해하게 되는 것처럼 기분 좋은 일도 없다. 볼펜과 그래프 계산기는 잠시 잊고 종이접기에서 수학을 발견하면 어떨까?

종이접기 크리스마스트리

매년 미국 자연사박물관은 미국 종이접기협회와 제휴해 종이접기 크리스마스트리를 제작한다. 이 트리에는 약 800개의 종이접기 장식물이 달린다. 2014년의 주제는 영화 〈박물관이 살아 있다〉였기 때문에 영화의 등장인물인 테오도어 루즈벨트, 티라노사우루스 렉스, 이스터 섬 석상 등의 장식물이 트리를 장식했다.

엉킨 줄에도 수학이 숨어 있다

수학 개념 : 매듭이론

줄이 엉키는 것은 현대생활의 골칫거리 중 하나다. 이어폰을 찾으려고 주머니나 가방을 뒤지면 풀기 어려울 만큼 뒤엉킨 줄뭉치가 나온다. 잔디에 물을 주려고 지하창고에서 호스를 찾아보면, 맙소사, 어느새 매듭이 져 있다. 크리스마스트리 전구 장식을 달려고 다락방에서 보관함을 열면 이번에도 공처럼 뭉친 매듭덩어리가 나온다. 일상에서 사용하는 물건들은 매듭이 지지 않게 하려고 주의를 기울이는데도 왜 결국 매듭투성이가 되고 말까?

노끈과 줄처럼 길고 유연한 물건이 매듭이 잘 지는 데는 수학적인 이유가 있다. 2007년 캘리포니아 대학교 샌디에이고 캠퍼스의 두 물리학자가 이 주제를 갖고 연구논문을 발표했다. 본질적으로 한곳에 모아놓은 끈 같은 물체가 매듭 없이 유지될 수 있는 형태는 불과 몇 가지밖에 없다. 끈 전체가 항상 가지런한 상태를 유지하고, 어느 지점에서도 자신과 접촉하거나 교차하지 않는 형태가 그 예다. 반면 끈이 매듭을 지을 수 있는 배열은 셀 수 없이 많다. 줄이나 끈이 엉키는 데는 몇 초밖에 안 걸린다. 한쪽 끝단이 끈의 일부와 교차하기만 해도 엉킴이 일어난다. 끈과 교차하는 순간 그 끝단이 끈의 나머지 부분과 쉽게 꼬이기 때문이다.

캘리포니아 대학교 샌디에이고 캠퍼스 연구팀은 모터에 부착된 회전상자 안에 다양한 길이의 끈 조각을 넣고 십 초 동안 심하게 흔드는 연구를 진행했다. 거기서 발생한 매듭을 수학적 매듭이론을 이용해 분석하면서 각 매듭 종류에 해당하는 수학적 방정식을 찾아내려 한 것이다(이 경우에는 존스 다항식). 연구진은 이렇게 흔들어 생긴 매듭의 96%는 소수 매듭prime knot, 즉 3개부터 11개에 이르는 최소 교차점 수가 나오는 매듭임을 알아냈다(매듭이론에서는 교차점 수에 따라 매듭을 분류한다). 줄의 길이가 짧으면(50cm 이하) 매듭이 덜 생기지만, 줄의 길이가 2m에서 6m에 이르면 줄에 매듭이 생길 확률이 50%까지 급격히 올라간다는 것도 밝혀냈다. 그렇지만 그 길이를 넘어서면 확률이 더는 크게 증가하지 않았다.

얽히고설킨 이어폰 줄을 고생스럽게 풀다보면 저절로 욕이 나오겠지만, 그때는 그 안에 숨어 있는 수학을 이해하려고 노력해보자.

엉킴방지장치

과거에는 전화선의 엉킴을 해결하기 위한 새로운 산업이 생겨나기도 했다. 수화기가 본체에 전화선으로 연결되어 있던 유선전화 시대에 발명가들은 짜증나는 엉킴을 방지하기 위해 360도 회전이 가능한 부품을 비롯해 온갖 장치를 만들어냈다.

12

자전거 기어의 크기

수학 개념 : 비율

아주 옛날에는 자전거 모양이 우스꽝스러웠다. 19세기에 나온 자전거는 앞바퀴가 엄청 크고 뒷바퀴는 아주 작았다. 페달은 앞바퀴에 직접 달려 있었는데, 앞바퀴 직경이 거의 1.5m나 됐기 때문에 마치 말에 올라타듯이 뛰어서 올라타야 했다. 이런 종류의 자전거는 곧 구식이 되어버렸다. 자전거가 울퉁불퉁한 길을 가다 돌부리라도 만나면 탑승자가 핸들 앞으로 고꾸라지기 일쑤였던 것도 한 가지 이유가 되었다. 시간이 흐르면서 제조업체들은 기어와 체인이 달린 자전거를 만들었다. 이런 발전 덕분에 탑승자는 자전거 중앙에 앉아 쉽게 균형을 잡았을 뿐 아니라 길의 경사에 따라 기어를 바꿀 수도 있었다. 편평한 곳에서 자전거를 탈 때는 기어를 바꿀 필요가 없지만, 언덕을 올라갈 때는 기어만 바꾸면 굳이 자전거를 밀고 갈 필요 없이 그대로 타고 올라갈 수 있었다. 기어는 대체 어떻게 작용하는 것일까? 어째서 기어를 쓰면 언덕을 올라갈 때는 쉽게, 내려갈 때는 효율적으로 자전거를 탈 수 있는 걸까?

　그 해답은 바로 비율에 있다. 큰 기어를 작은 기어에 연결하고 한쪽 기어를 돌리면 나머지 기어도 같이 돌아가지만 회전속도는 다르다. 앞에 달린 기어가 뒤에 있는 기어보다 세 배 더 크다고 해보자. 앞쪽 기어가 한 바퀴 돌 때마다 뒤쪽 기어는 세 바퀴를 돌아야 한다. 이것을 각 기어의 둘레와 관련해 생각할 수 있다. 수학시간에 배운 것을 더듬어보면, 원의 둘레는 원의 직경 곱하기 원주율(π)이다. 만약 앞쪽 기어의 직경이 9cm라면, 둘레는 $9 \times \pi$, 약 28.3cm가 나온다. 따라서 이 기어의 가장자리에 점 하나를 찍고 한 바퀴를 돌린 후 그 점이 공간 속에서 지나간 길을 종이에 직선으로 옮기면 28.3cm 정도가 나올 것이다.

그림12 앞바퀴가 큰 옛날 자전거

이제 뒤쪽 기어의 직경이 3cm라고 해보자. 그럼 둘레는 9.42cm 정도다. 그 기어 가장자리에 찍은 점은 한 바퀴 돌 때마다 9.42cm를 움직인다. 앞쪽 기어가 한 바퀴를 돌 때마다(28.3cm) 뒤쪽 기어는 세 바퀴를 돈다. 기어의 직경을 바탕으로 계산하면 두 기어의 기어비는 3:1이다.

페달을 한 바퀴 돌릴 때마다 뒷바퀴는 세 바퀴 돌아가게 만들 수 있다. 물론 이 경우는 세 배 더 힘들게 페달을 밟아야 한다. 이 비율은 언덕 아래로 내려가며 속력을 높일 때 안성맞춤이다.

13

빗방울과 눈물방울

수학 개념 : 기하학

빗방울 모양은 당신이 지금까지 알고 있는 것과 다르다. 만화와 일기예보, 그림 등을 보면 빗방울은 보통 아래쪽은 둥글고 위쪽으로 갈수록 가늘고 뾰족해지는 전통적인 눈물방울 모양으로 그려진다.

그런데 실제 빗방울은 다른 모양을 하고 있다. 빗방울은 대기에 있는 수분이 연기 입자나 먼지 입자에 달라붙어 만들어진다. 처음에는 구형에 가까운 물방울 형태를 유지하다가 충분히 무게를 불리면 떨어지기 시작한다. 떨어지는 동안에도 물 분자 사이의 수소 결합으로 발생하는 물방울의 표면장력이 물방울을 둥근 형태로 유지시켜준다. 빗방울이 속도를 얻으면 공기 압력이 바닥을 밀어 빗방울 아랫부분이 냄비 바닥처럼 평평해진다. 이 시점에 빗방울은 햄버거 위쪽 빵과 비슷한 모양이 된다. 빗방울이 땅으로 떨어지는 과정에서 다른 빗방울과 충돌 후 합쳐져 크기가 커지면 작은 빗방울로 쪼개진다. 빗방울 직경이 4mm 정도에 이르면 이런 쪼개짐이 일어난다.

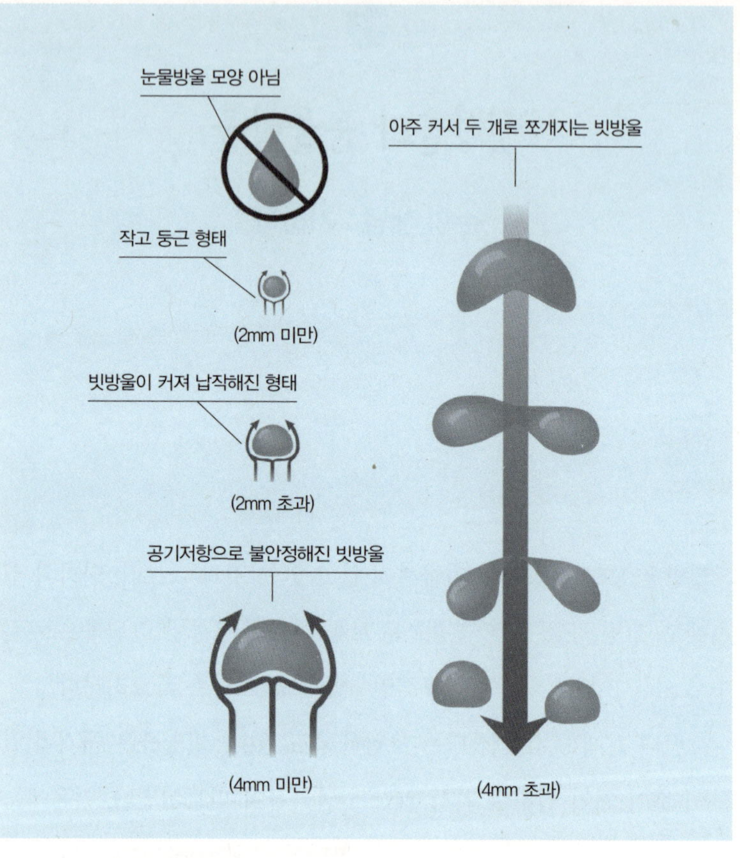

그림13 둥글납작한 빗방울의 모양

빗방울 둘레

빗방울 크기는 다양하다. 평균적으로 가벼운 폭풍우가 치는 동안에는 둘레가 0.5mm쯤 되는 작은 빗방울이 만들어지지만, 거센 폭풍우가 몰아칠 때에는 둘레가 5mm나 되는 큰 빗방울이 만들어지기도 한다.

14

교통표지판은 왜 모양이 다를까?

수학 개념 : 형태

다들 일시정지 표지판이 팔각형, 그러니까 길이가 같은 변이 8개라는 사실은 알고 있다. 그런데 왜 이런 특정 모양을 하고 있는지 아는 사람은 많지 않다. 왜 하필 팔각형일까? 삼각형이나 십각형이 아니고?

교통계획 담당자들이 팔각형을 사용한 데는 두 가지 이유가 있다.

첫 번째, 훨씬 광범위하게 사용하는 사각형 표지판과 달리 팔각형 표지판은 여러 방향에서 보아도 쉽게 알 수 있다. 운전자 A는 표지판 정면이 보이지 않는 다른 방향에서 접근한다 해도 표지판 형태만 보고도 운전자 B가 일시정지 표지판을 보고 멈춰야 한다는 것을 알 수 있다. 일시정지 표지판을 보면 반드시 정지하고 주변을 확인한 후 다시 출발해야 하니까.

두 번째, 교통공학 전문가들은 교통표지판에 찍힌 글자뿐 아니라 표지판 형태 자체도 메시지를 전달할 수 있음을 일찍부터 깨달았다. 그래서 표지판의 변이 많을수록 경고하는 위험도 커진다는 아이디어

그림14 팔각형 모양의 일시정지 표지판

를 기반으로 표준 교통표지판을 만들었다. 일례로 변의 수가 무한히 많은 것으로 해석할 수 있는 둥근 표지판은 통행금지 구역처럼 매우 위험한 곳에 사용된다. 팔각형 표지판은 교차로에, 삼각형 형태는 곧 나타나는 미끄러운 도로나 야생동물 출현 위험 등을 알리는 경고용으로 사용된다.

다음에 운전할 때는 주변 교통표지판의 기하학에도 관심을 기울이자. 표지판 형태가 당신 목숨을 구할 수도 있다!

일시정지 표지판의 역사

최초의 일시정지 표지판은 1915년 미국 디트로이트에 세워졌다. 하얀 밑바탕에 검정 글씨로 표시된 사각형 금속판이었다. 1923년 일시정지 표지판의 형태에 변을 더 추가하라고 영향력 있는 권고안을 제시한 곳은 주립고속도로관리공단 미시시피밸리 연합회였다. 1935년에는 표준 교통통제 설비편람에서 일시정지 표지판을 붉은색으로 표준화할 것을 권고했다.

15

펜타곤 건물은 왜 오각형일까?

수학 개념 : 기하학

펜타곤Pentagon은 도형 이름이지만, 워싱턴 D. C. 외곽에 자리잡은 미국 국방부 건물의 이름이기도 하다. 이 건물은 세계에서 가장 큰 청사에 속한다. 면적이 엠파이어스테이트 빌딩의 두 배며, 대략 2만 5,000명이 일하고 있다. 미국 국회의사당 건물도 펜타곤의 다섯 면 중 한 면에 들어갈 정도다. 그런데 펜타곤은 왜 하필 오각형일까?

제2차 세계대전이 전개될 무렵, 미국은 몸집이 커지고 있던 전쟁부(미국 국방부의 전신)를 수용할 새로운 시설이 필요하다고 판단했다. 그래서 선정한 부지가 알링턴 농장이었다. 이곳은 미국 농무부가 운영하던 실험농장으로, 현역 군인과 전역 군인들의 쉼터인 알링턴 국립묘지 옆에 자리잡고 있었다. 농장 주변의 도로와 여타 토지를 제외하자 부지는 대략 오각형 모양을 띠었다. 새로운 전쟁부 건물 건축계획도 그 공간에 맞추어 세워졌다. 그렇지만 관료들은 군사용 건물을 주목성 높은 지역 가까이에 세운다는 것을 불편하게 여겼고, 결국 부

지를 옮기기로 결정했다. 새로 선정한 부지는 워싱턴에서 처음 사용했던 공항인 후버 필드 자리였다. 일부 디자인 요소를 변경하기는 했지만, 건축계획을 변경하기에는 너무 늦었기 때문에 오각형 형태는 그대로 남았다.

그래도 이 일과 관련된 사람들에게 다행스러운 부분이 있었다. 오각형 건축계획에도 장점이 있었던 것이다. 이 건물 안에서는 어느 곳이라도 걸어서 10분 안에 이동할 수 있었고, 건축가들은 상하수도와 전기 같은 시설을 좀 더 쉽게 배치할 수 있었다.

펜타곤

펜타곤의 대지는 약 2.35km²이고, 건축 면적은 55만 7,000m²가 넘는다. 건물은 총 7층이다…. 우리가 아는 것은 거기까지다.

16

누구나 좋아하는 도형

수학 개념 : 삼각형

삼각형이 일상에서 얼마나 자주 눈에 띄는지 의식한 적이 있는가? 자전거로 출근할 때도(자전거 프레임 중앙에 삼각형이 들어 있다.), 고속도로를 운전하며 거대한 송전탑을 바라볼 때도 삼각형은 계속 튀어나온다. 자전거 제조사나 토목기사가 굳이 삼각형을 선호하는 이유가 있을까? 아니면 기분 내키는 대로 하다보니 삼각형을 쓰게 된 것일까?

우리가 구축한 환경 구석구석에 삼각형이 자주 등장하는 데는 그럴 만한 이유가 있다. 삼각형은 대단히 안정된 형태라 강도 유지가 필요한 구조물에 이상적이다. 삼각형의 세 꼭짓점을 가동관절로 만들었다고 해보자. 그런 꼭짓점은 견고하지 않을 텐데도 삼각형 형태가 그대로 유지된다. 구부러지는 빨대를 이용해 만든 삼각형도 생각할 수 있다. 구부러지는 부분이 꼭짓점을 이루게 말이다. 이 꼭짓점은 구부러지는 것들인데도 마치 단단한 플라스틱으로 만든 것처럼 삼각형은 안정된 형태를 유지한다.

삼각형 협주곡

삼각형으로 생긴 악기 트라이앵글은 프란츠 리스트^{Franz Liszt}의 〈피아노협주곡 제1번〉에서 처음 독주를 연주하게 되었는데, 한 회의적인 평론가가 이 곡에 '삼각형 협주곡'이라는 이름을 붙였다.

17

맨홀 뚜껑은 왜 둥글까?

수학 개념 : 형태

하늘은 푸르다. 돌은 딱딱하다. 풀은 초록색이다. 세상에는 우리가 일상적으로 접하는 특성들이 수많이 존재한다. 너무 흔히 접해서 이유를 따져보지 않은 경우도 허다하다. 그런데 가끔 수학 덕분에 이런 일상의 사물들을 다른 방식으로 바라보며 새로운 이해와 통찰을 얻을 수 있다. 그런 것들 중 하나가 맨홀 뚜껑이다. 맨홀 뚜껑은 보통 둥글다. 그런데 왜? 다른 모양으로 만들어도 되지 않을까?

사실 원은 맨홀 뚜껑에 이상적인 모양이다. 자기와 같은 모양으로 된 구멍을 통과하지 못하는 도형 중 하나가 원형이기 때문이다. 맨홀 뚜껑을 삼각형으로 만들었다고 해보자. 그리고 삼각형의 변들이 같은 길이가 아니라고, 예를 들어 한 변은 30cm이고 나머지 두 변은 60cm라고 해보자. 이 맨홀 뚜껑을 들어올려 도로 바닥에 수직이 되도록 옆으로 세우면 변의 길이가 짧은 쪽은 맨홀을 통과할 수 있다. 맨홀의 두 변이 60cm니까 한 변이 30cm인 삼각형을 옆으로 세우면

그림17 가장 이상적인 형태의 맨홀 뚜껑

60cm 폭의 맨홀을 통과할 수 있다. 맨홀 뚜껑이 맨홀로 떨어지지 않게 하는 방법은 맨홀 뚜껑을 아무리 돌려도 한쪽 방향에서 바라본 측면이 어떤 방향에서 바라본 측면보다 작아지지도, 커지지도 않게 만드는 수밖에 없다. 이런 조건을 완벽하게 만족시키는 것이 바로 원이다.

우주로 날아간 맨홀 뚜껑

도시에 떠도는 전설에 따르면, 1950년대에 있었던 지하 핵실험에서 사고로 맨홀 뚜껑이 우주로 날아갔다고 한다. 이 전설이 사실인지 아닌지 입증된 적은 없지만, 어쩌면 1957년 진행된 일련의 핵실험인 '프럼봅 작전'에서 일어난 실제 사건에서 비롯되었는지도 모른다. 한 지하 핵실험으로 900kg짜리 금속덩어리가 초당 66km의 추정 속도로 공중으로 날아올랐는데 회수되지 않았다는 것이다. 지구 탈출 속도가 초당 11.2km 정도니까 공기저항을 감안하더라도 이 금속덩어리가 우주로 빠져나갔다는 전설이 허황된 추측만은 아니다.

18

장남감 속의 수학

수학 개념 : 복잡성

장난감 세계는 수학을 발견하기 좋은 영역이다. 어렸을 때 나는 레고야말로 세계 제일의 장난감이라 생각했다. 레고 조각이 들어 있는 통 앞에 앉아 다음엔 뭘 만들까 생각하다보면, 그 안에는 뭐라 말할 수 없는 심오한 즐거움이 있었다. 레고는 그저 놀이용 장난감만은 아니다. 레고가 없었다면 드러나지 않았을 수학적 측면들이 레고를 통해 분명하게 드러나기도 했다.

특히 레고 블록은 복잡성 연구에서 한몫을 했다. 듀크 뇌과학연구소의 마크 챈기지Mark Changizi와 연구자들은 간단해 보이지만 실제로 간단하지 않은 질문에 대한 답을 알아내려고 최근에 한 연구를 진행했다. 모든 시스템은 구성요소를 갖고 있다. 몸에는 세포가 있고, 컴퓨터에는 스위치와 프로세서가 있으며, 생태계에는 새와 나무들이 있다. 연구자들은 동물, 세포, 전자부품 등 구성요소가 무엇이든 간에 시스템 규모가 커지면 구성요소의 종류도 많아지는지 알고 싶었다.

손목시계와 괘종시계의 부품을 비교해보면 개별 부품은 분명 괘종시계에 더 많이 들어 있을 것이다. 그렇다고 괘종시계가 손목시계보다 구성요소의 종류도 더 많을까?

연구자들은 사물의 규모가 커지면 다양한 종류의 시스템에서 구성요소의 종류도 실제로 많아진다는 것을 확인했다. 그들이 이 결과를 그래프로 그렸더니 구성요소의 종류와 구성요소의 수 사이에 흥미로운 상관관계가 나타났다. 특히 구성요소의 종류는 구성요소의 수에 멱법칙power law을 따라 비례했다. (멱법칙 관계는 다음과 같은 형식을 띤다. $Y=kX^a$ Y와 X는 검사하려는 두 변수다. 이 경우 Y는 구성요소의 수를, X는 구성요소의 종류를 의미한다. k는 임의의 상수이고, a는 변수 X의 지수다.) 연구진은 구성요소의 수가 많아지면 구성요소의 종류도 함께 많아지기는 하지만, 구성요소의 수가 훨씬 더 많아지면 구성요소의 종류의 증가 속도가 느려진다는 것도 발견했다.

이들은 레고 세트에서 구성요소의 수와 구성요소의 종류를 세어보았을 때 다른 네트워크에 비해 구성요소의 종류가 가파르게 증가한다는 것을 발견했다. 달리 말하면 레고 세트가 커질수록 부품 종류도 더욱 빨리 많아진다는 것이다. 챈기지를 비롯한 열혈 레고 팬들은 이런 증가가 혹시 레고의 디자인 방식이 바뀌는 바람에 생기는 현상이 아닐까 걱정한다. 요즘은 레고가 '스타워즈', '닌자고', '돌연변이특공대 닌자거북이', '반지의 제왕' 등 아주 다양한 주제로 출시된다. 일부 사람들은 이런 주제의 다양화가 레고 블록의 전문화로 이어지는 것을 우려한다. 한 가지 주제, 심지어 한 세트에만 어울리는 레고 블록이 많아졌다는 의미기 때문이다. 오리지널 레고를 좋아하는 사람들에게는 슬픈 변화다. 하지만 또 다른 의미에서 보면 레고 장난감은 다재다능한 융통성을 계속 유지하고 있다고 말할 수 있다. 수학자를 비롯해 폭넓은 층의 흥미를 불러일으키고 있으니 말이다.

마스터 빌더

우리가 가게에서 구입하는 레고 세트를 디자인하는 사람은 누구일까? 바로 레고 마스터 빌더들이다. 전 세계 레고랜드 공원에 전시된 실물 크기의 모델들을 디자인하는 사람도 바로 이 레고의 달인들이다. 마스터 빌더가 되려면 여러 해에 걸쳐 훈련해야 하고, 이런 전문가들은 공개 경연대회에서 처음 눈에 띌 때가 많다.

19

연을 날리자

수학 개념 : 형태

연이 없었다면 봄여름이 심심하지 않았을까? 연날리기는 완벽한 미풍에 천을 하늘 높이 띄워 조종하는 재미 말고도 다른 매력이 있다. 미국의 전통 연은 특정 종류의 사각형을 보여주는 좋은 보기다. 연은 정사각형이나 직사각형처럼 네 변이 있는 형태지만, 이 연의 변들은 두 도형과 달리 길이별로 한데 이어져 있다. 짧은 변은 짧은 변끼리, 긴 변은 긴 변끼리 붙어 있는 것이다. 변을 이렇게 구성한 덕분에 연은 독특하게도 길쭉한 다이아몬드 모양이 되었다.

이 연의 형태가 흥미로운 또 한 가지 이유는 여러 개 이어붙이면 평면을 뒤덮을 수 있기 때문이다. 여기서 평면이란 두께가 없는 종이처럼 이상화된 편평한 면을 말한다. 연의 두 변 사이의 각도와 상관없이 어떤 종류의 연을 택하더라도 그것과 똑같은 모양의 연을 무한히 이어붙이면 개개의 조각 사이에 작은 틈도 남기지 않고 평면을 완전히 덮을 수 있다. 이런 것을 쪽매맞춤tiling이라 한다. 욕실 벽이나 바

그림18 다이아몬드 모양의 미국 전통 연

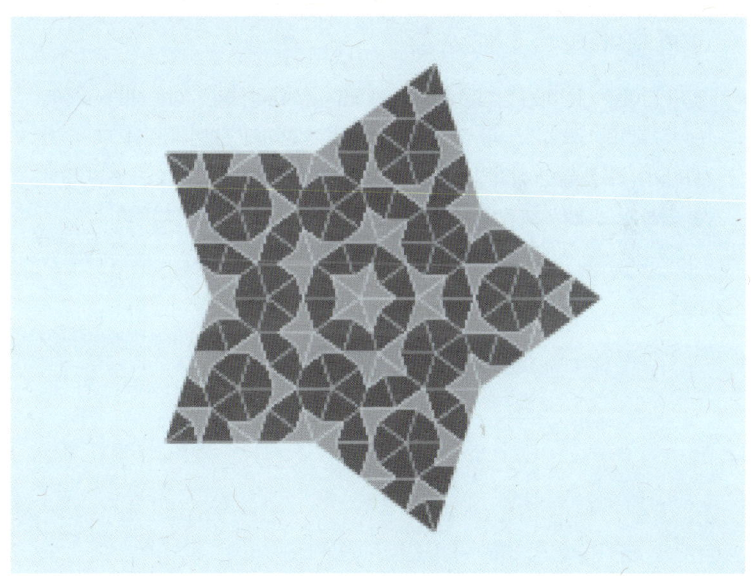

그림19 반복되지 않는 패턴을 이루는 펜로즈 쪽매맞춤

닥에 붙은 타일을 보면 무슨 의미인지 이해할 수 있을 것이다. 연은 펜로즈 쪽매맞춤Penrose tiling에서도 한몫한다. 펜로즈 쪽매맞춤은 특별한 종류로, 개개의 도형들이 주기적으로 반복되지 않는 패턴을 만들어낸다.

연의 형태는 그 연의 이상적인 날리기 조건도 결정한다. 다이아몬드 모양의 연은 가벼운 바람을 제일 잘 타지만, 꼬리가 있어야 안정이 잘 된다. 삼각형처럼 생긴 삼각연은 바람이 거의 불지 않을 때도 날릴 수 있다. 수백 년 전 일본에서 만들어진, 변이 여섯 개짜리인 육각연은 방향을 조종하기 쉬워 종종 연싸움에 등장한다. 연싸움에서는 상대방의 실을 끊어 땅바닥에 떨어뜨리면 이긴다.

20

포진과 소금의 공통점

수학 개념 : 플라톤 입체

3차원 형태가 모두 똑같이 생긴 것은 아니다. 존재하거나 존재할 수 있는 형태를 아무것이나 생각해보자. 감자는 울퉁불퉁 불규칙하다. 이와 달리 별 모양은 깔끔한 직선으로 이루어져 단정하다. 구체는 둥글고 매끄러운 반면, 테트리스 게임에 나오는 블록은 모서리가 날카롭다.

아주 특별한 형태도 존재한다. 이런 형태는 그 특성이 수천 년에 걸쳐 연구되었다. 플라톤 입체도 이런 역사적인 형태에 해당한다. 기원전 4세기경 아테네에 살았던 철학자 플라톤의 이름을 딴 이 3차원 도형들은 3각형, 4각형, 5각형 같은 2차원 도형을 이용해 만들었다. 하지만 플라톤 입체를 구성하는 2차원 도형들은 다음과 같은 조건을 충족해야 한다.

1. 모두 정다각형이어야 한다. 모든 변의 길이와 모든 각의 크기가
   같아야 한다는 의미다.

2. 모두 합동이어야 한다. 모두 똑같은 모양이어서 어느 하나를 다
   른 것 위에 포개놓았을 때 둘이 정확히 일치해야 한다(바꿔 말하
   면 서로 크기가 다른 삼각형을 이용해서는 플라톤 입체를 만들 수 없
   다).

3. 각각의 꼭짓점(각각의 도형에서 변과 변이 만나는 점)에서 만나는
   도형의 숫자가 같아야 한다.

그림20 다섯 가지 플라톤 입체

플라톤 입체는 다섯 개, 딱 다섯 개밖에 없다.

1. 정사면체는 4개의 면을 갖고 있고, 각각의 면은 정삼각형이다.

2. 정육면체는 6개의 정사각형으로 이루어진다.

3. 정팔면체는 8개의 면을 갖고 있고, 피라미드 두 개가 밑면을 맞
   대고 붙은 것처럼 만들어져 있다(사면체와 마찬가지로 팔면체의 각
   면도 정삼각형이다).

4. 정십이면체는 12개의 면을 갖고 있고, 각각의 면은 정오각형이다.

5. 정이십면체는 20개의 면을 갖고 있고, 각각의 면은 정삼각형이다.

플라톤 입체가 왜 다섯 개밖에 없는지 궁금한가? 고대 그리스 수학자 유클리드가 이미 그 해답을 밝혀냈다. 그는 자신의 책《원론 Elements》에 그에 대한 증명을 실어놓았다. 궁금하면 직접 찾아보기 바란다.

사람들은 이런 도형을 그저 수학적 호기심의 대상으로만 여기지 않았다. '플라톤의 대화'《티마이오스 Timaios》편에서 그리스 철학자 플라톤은 자신이 내세운 한 등장인물을 통해 각각의 입체가 자연계를 구성하는 원소 중 하나에 해당한다고 주장했다. 즉, 정사면체는 불, 정육면체는 흙, 정팔면체는 공기, 정십이면체는 물, 정이십면체는 하늘의 별자리 배열과 관련되어 있다고 했다.

그로부터 몇 세기가 흐른 1500년대 말 요하네스 케플러 Johannes Kepler는 플라톤 입체를 이용해 태양계의 구조를 설명했다. 행성들이 지금의 간격으로 배치되어 있는 이유를 밝혀내는 일에 흥미를 느낀 케플러는 구형으로 표현되는 각각의 행성 궤도 사이에 플라톤 입체를 끼워넣으면 행성들 간의 거리 모형을 구축할 수 있다고 상정했다. 플라톤 입체의 배열 순서는 태양계 안쪽으로부터 수성의 궤도에 해당하는 정팔면체에서 시작해 정이십면체, 정십이면체, 정사면체, 정육면체의 순서로 이행했다(케플러는 다섯 개의 행성밖에 알지 못했다).

케플러의 설명은 결국 그른 것으로 밝혀졌지만, 그래도 한 가지 통찰만큼은 옳았다. 플라톤 입체는 실제로 자연의 일부였던 것이다. 그 예를 살펴보자.

• 소금(염화나트륨)을 비롯한 많은 광물 결정들이 정육면체 형태를

띠고 있다. 사해 해안을 따라 걷다보면 바다 깊은 곳에서 떠밀려 온 커다란 소금 정육면체가 발에 밟힐 것이다.

- 다이아몬드와 형석의 원석은 정팔면체 결정을 형성할 때가 많다.
- 포진 바이러스 같은 바이러스는 정이십면체 같은 형태를 할 때가 많다.
- 원자는 정사면체 형태의 결합을 형성할 때가 많다. 메탄(CH_4) 분자와 암모늄이온(NH_4^+)은 수소 원자 네 개가 정사면체 형태로 탄소 원자나 질소 원자를 둘러싸고 있다.

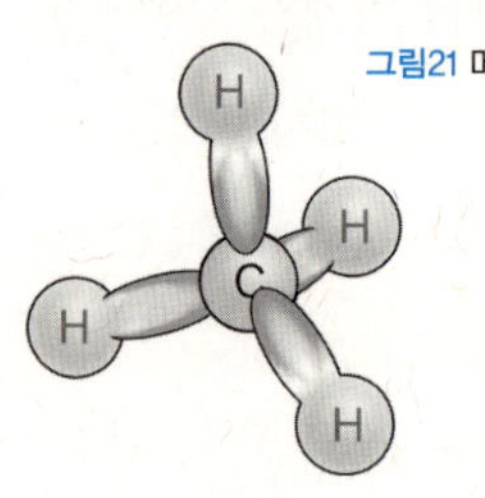

그림21 메탄 분자

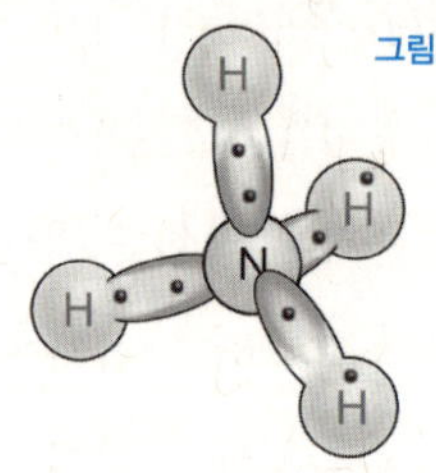

그림22 암모늄이온

플라톤 입체는 그저 고대 그리스의 두꺼운 책에나 등장하는 죽은 지식이 아니다. 말 그대로 우리가 숨 쉬는 공기, 우리가 걷는 땅에도 들어 있다.

이면각 二面角, dihedral angle

각각의 플라톤 입체는 이면각을 갖고 있다. 이면각이란 두 평면이 만날 때 생기는 내각을 말한다. 플라톤 입체는 각각의 면이 합동이기 때문에 한 플라톤 입체 안에서 이면각의 크기가 모두 같다. 예를 들어 정육면체는 이면각의 크기가 꼭지각과 똑같은 90도다. 하지만 정사면체는 꼭지각은 60도지만 이면각은 70.6도다. 이면각의 크기가 클수록 플라톤 입체의 모양은 구체를 닮는다.

21

골프공에 홈이 있는 이유

수학 개념 : 물리학, 기하학

골프대회에서 타이거 우즈Tiger Woods가 티오프하는 모습을 보면서, 그 장면 속에 공기를 가르고 날아가는 골프공을 도와주는 수학이 숨어 있다는 상상은 해보지 못했을 것이다. 하지만 사실이다. 이게 다 골프공 표면에 움푹움푹 팬 딤플의 기하학 덕분이다.

몇 백 년 전에는 골프공을 나무나 고무로 만들었는데, 표면이 거의 완벽하게 매끄러웠다. 골프계에 전해오는 이야기에 따르면, 골프선수들은 여러 번 사용해 낡고 홈이 많이 팬 공이 매끄러운 새 공보다 더 멀리 날아간다는 것을 알아차렸다고 한다. 나중에 과학자들은 이 홈, 곧 딤플이 공 표면을 따라 흐르는 공기를 공에 더 가깝게 붙잡아 두기 때문에 공 뒤쪽으로 생기는 소용돌이 난류가 줄어든다는 사실을 알아냈다. 이 소용돌이 난류가 공을 멀리 못 날아가게 잡아당기는 주범이다.

전통적으로 딤플은 원형이었지만, 최근 일부 골프공은 육각형 모

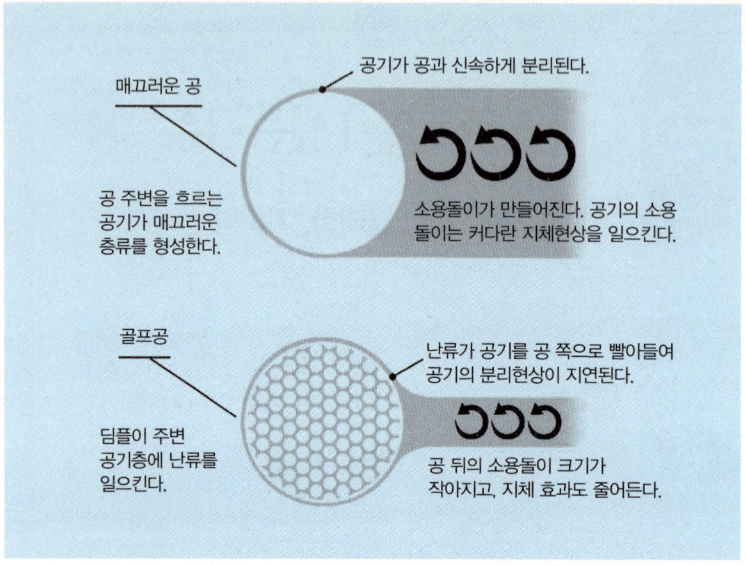

그림23 골프공 표면에 담긴 원리

양을 하고 있다. 골프공 제조회사인 캘러웨이는 육각형 딤플이 골프공 표면을 더욱 많이 차지하기 때문에 각 딤플 사이의 공간이 줄고, 따라서 공의 지체현상도 더 줄어든다고 주장한다.

딤플

골프공은 크기가 다양하지만 대부분 딤플이 300개에서 500개 사이이다. 일반적인 골프공은 딤플이 336개이다.

가우스와 피자

이런 실험을 해보자. 신문지를 가져다 수박을 싸보자. 친구한테 생일선물로 줄 것처럼 정성스럽게 말이다. 어떤가? 아무리 애써도 주름이 튀어나오는 부분이 생길 것이다. 종이로는 절대 수박 표면을 매끄럽게 싸지 못한다. 종이로 수박을 매끄럽게 싸려면 열심히 가위질을 해 맞춰야 할 테고, 여기저기 튀어나오는 주름을 눌러붙여야 한다. 사실 둥그렇게 말고 자르고 눌러붙이지 않고는 종이 같은 평면을 둥근 형태에 맞추기가 불가능하다.

이와 반대 경우도 마찬가지다. 귤껍질을 통으로 벗긴 후 둥근 껍질을 납작하게 펴보자. 반드시 찢어지는 부분이 생길 수밖에 없다. 껍질을 자르거나 찢지 않는 한 둥근 껍질을 완전히 평평하게 펼 수 없다. 납작한 평면을 둥근 평면으로, 또는 둥근 평면을 납작한 평면으로 만드는 것이 왜 그리 어려울까? 둥근 평면과 납작한 평면은 도대체 왜 깔끔하게 상호 전환되지 않을까?

그 해답은 피자 한 조각과 독일 수학자 카를 프리드리히 가우스^{Carl Friedrich Gauss}의 글에 담겨 있다. 1777년부터 1855년까지 살았던 가우스는 수학사에서 특별한 위치를 차지하고 있다. 그는 고대 그리스 이후 가장 위대한 수학자 중 한 명으로 인정받았으며, 종종 '수학의 왕자'로도 불린다. 앞(7번 참조)에서 보았듯이, 뫼비우스의 스승이기도 하다. 가우스는 라틴어로 '위대한 정리'를 뜻하는 테오레마 에그레기움^{Theorema Egregium}이라는 곡면에 관한 정리를 내놓았다.

가우스의 정리를 이해하기 위해 키가 2.5cm(1인치)로 줄어든 사람이 실린더 표면에 서 있다고 상상해보자. 실린더 주변을 걷기 시작하면 그 사람은 경로를 다양하게 취할 수 있다. 일례로 실린더 꼭대기까지 곧장 직선으로 걸어갈 수 있다. 실린더의 둥근 측면을 따라 원을 그리며 출발점으로 돌아올 수도 있다. 물론 끈끈이 신발을 신어 떨어질 일이 없다는 가정 하에 말이다. 아니면 나사 모양으로 걸을 수도 있다. 실린더의 길이 방향으로 전진하면서 동시에 측면을 따라 도는 것이다. 가우스의 정리는 이 모든 경로를 계산에 포함해, 서로 곱해 하나의 값을 구하면 실린더의 만곡을 측정할 수 있다고 말한다. 평평한 경로는 곡률이 0이다. 어쨌거나 평평한 경로니까. 휜 경로는 양의 곡률을 갖는다. 곡선 경로는 양의 곡률을 갖고, 안으로 들어간 오목 곡면은 음의 곡률을 갖는다. 이 곡률들을 모두 곱하면 결국 양의 값에 0을 곱하게 되어 0이라는 값이 나온다. 이때 이 실린더의 가우스곡률^{Gaussian curvature}은 0이라고 말한다.

가우스의 정리는 평면을 조작할 때도 의미가 있다. 이 정리는 평면을 찢지만 않으면 그 평면을 구부리고 늘려도 똑같은 가우스곡률이 유지된다고 말한다. 따라서 실린더를 아무리 구기고 비틀어도 이 실린더의 가우스곡률은 절대 변하지 않는다.

피자를 생각해보자. 치즈와 페퍼로니가 줄줄 흐르는 커다란 납작피자 한 조각을 들어올리면 뾰족한 부분이 아래로 처져 먹기가 어렵다. 반면 피자 조각을 길이 방향으로 말아서 들면 끝부분이 직선으로 유지되기 때문에 피자에 얹힌 토핑이 원래 자리에 그대로 있다. 어찌된 일일까? 말지 않은 피자 조각의 가우스곡률을 계산하면 0이 나온다. 키가 2.5cm인 사람이 피자 조각 위에서 취할 수 있는 경로는 평평한 경로밖에 없기 때문이다. 이 말은 이 피자 조각을 아무리 구부리고 비틀어도 가우스곡률이 0으로 유지된다는 뜻이다.

끝부분이 아래로 처진 피자 조각을 다시 살펴보자. 피자의 가장자리 빵에서 끝부분까지의 세로 경로는 곡선을 이루는 반면, 옆에서 옆으로 향하는 가로 경로는 평평하다는 사실에 주목하자. 하지만 이 피자 조각을 길이 방향을 말면 가로 경로가 곡선이 된다. 이는 세로 경로가 반드시 직선이 되어야 한다는 의미다.

이 모든 설명이 의미하는 것은 무엇일까? 피자 조각을 어떤 모양으로 말든지 표면에 생길 수 있는 경로 중 하나는 반드시 평평해야한다는 것이다. 평면은 가우스곡률이 0이라, 결과 값이 0이 나오려면 반드시 계산에 0이 포함돼야 한다. 가로 방향이 평평하면 세로 방향이 곡선을 이루어야 하고, 가로 방향이 곡선을 이루면 세로 방향은 평평해야 한다.

원래의 문제로 돌아가보자. 신문지로 수박을 깔끔하게 포장할 수 없고, 귤껍질을 완전히 납작하게 펼 수 없는 이유는 납작한 물체와 둥근 물체의 가우스곡률이 다르기 때문이다. 그러니 다음에 피자를 먹을 때는 가우스의 정리를 떠올리고 피자 조각을 자신 있게 말아서 먹기 바란다.

카를 프리드리히 가우스

가우스는 신동이었다. 전하는 이야기에 따르면, 학생 때 1부터 100까지 모든 수를 더하라는 문제를 받았는데 불과 몇 초 만에 풀었다고 한다. 이 문제가 1과 100, 2와 99, 3과 98… 등, 더해서 101이 나오는 숫자 50쌍으로 분해할 수 있음을 깨달은 것이다. 그 해답은 101×50=5050이다.

23

더 적은 것으로 더 많은 일을

수학 개념 : 지오데식 돔

디즈니월드 엡콧에 가서 우주선 지구Spaceship Earth라고 알려진 거대한 구체 아래 서본 적이 있는가? 그렇다고 하면 당신은 지오데식 돔 geodesic dome이라는 구조물과 함께 있어 본 것이다. 지오데식 돔은 한 삼각형의 윗부분이 이웃 삼각형의 밑면에 닿도록 삼각형들을 이어붙여 만든다. 그래서 매끈한 구형이나 돔 형태를 이루기보다는 고르지 않고 살짝 각진 형태를 이룬다. 디스코장의 미러볼 조명처럼 말이다.

공학을 이용해 인류 문제를 해결하는 데 관심이 있었던 선구적 사상가 벅민스터 풀러Buckminster Fuller가 1900년대 중반 대중화한 지오데식 구체와 돔(구체를 절반으로 자른 형태)은 놀라울 정도로 가벼우면서도 강하다. 삼각형 조각으로 구조물을 지으면 사각형으로 만든 것보다 안정성이 더 뛰어나다. 풀러는 지오데식 돔이 일반대중이 부담 없는 비용으로 제작할 수 있는 효율적인 주택 형태라 생각했다. 비용 절감은 그 형태에서 비롯된다. 구체는 주어진 공간을 최소의 표면적

그림24 벅민스터 풀러와 쇼지 사다오가 설계한 몬트리올 바이오스페어

으로 둘러쌀 수 있는 형태라 이론적으로 건축 자재비를 낮추는 효과가 있다. 또한 열린 내부공간은 공기의 이동이 쉬워 냉난방비를 절감할 수 있다. 지오데식 돔은 '더 적은 것으로 더 많은 일을'이라는 풀러의 격언을 구현해놓은 것이다.

지오데식 돔을 플라톤 입체(20번 참조)의 변종으로 생각할 수도 있다. 고귀하고 아름다운 그 도형들처럼 지오데식 돔 역시 한 종류의 다각형인 삼각형으로 만든다. 다만 지오데식 돔에 들어가는 삼각형은 돔을 감싸는 가상의 구체 표면에 가까워지도록 밖으로 밀려나 있다. 얼핏 보면 지오데식 구체도 플라톤 입체인 듯하나, 지오데식 구체는 "각각의 꼭짓점에서 만나는 도형의 숫자가 같아야 한다."는 조건을 충족하지 못한다. 하지만 플라톤 입체와 마찬가지로 기하학의 힘과 장엄함을 보여준다.

꼭 디즈니월드에 가지 않아도 지오데식 돔을 직접 볼 수 있다. 세인트루이스에 있는 미주리식물원의 유리온실 클라이머트론도 지오데식 돔 형식이다. 이 건물은 높이 21.3m, 직경 53.3m 규모로, 알루미늄 기둥과 플렉시글라스 유리판으로 만들었다.

그런데 왜 돔 형태의 주택이 많이 보이지 않을까? 어쩌면 일반주택에 비해 유용한 공간이 부족해서 그런지도 모르겠다.

벅민스터 풀러

벅민스터 풀러는 시대를 앞서간 사람이었다. 다이맥시온 삼륜자동차 같은 혁신적인 발명을 한 것으로 유명한 그는 인류를 돕고, 더 적은 것으로 더 많은 일을 할 방법을 찾아 헌신했다. '우주선 지구'와 시너지synergetic(공동상승효과) 같은 용어를 만들어 언어적인 측면에도 기여했다.

24

주인공이 사각형인 소설책

수학 개념 : 기하학, 차원

의식이 있는 사각형과 육각형, 직선, 원 등의 도형이 3차원 세계의 우리처럼 생각하고 상호작용하며 사는 2차원 세계를 상상해보자. 영국의 교사 겸 성직자 에드윈 애벗Edwin A. Abbott이 1884년 발표한 소설 《플랫랜드Flatland : A Romance of Many Dimensions》에서 내세운 전제다.

소설의 주인공은 사각형이다. 이 사각형이 독자들에게 플랫랜드(평면의 나라)의 규칙과 관습을 이야기해주는 역할을 한다. 규칙 중에는 집의 형태에 관한 것도 있다. 플랫랜드 거주민이 부지불식간에 부딪혀도 다치지 않도록 집은 각도가 날카롭지 않은 오각형으로 만든다. 거주민의 위계질서에 관한 규칙도 있다. 플랫랜드 여성은 직선이다. 군인과 하층 노동자는 전투에 유리하도록 각이 날카로운 이등변삼각형이다. 중간계층 남성은 사각형과 오각형, 귀족은 육각형이다. 변의 수가 증가할수록 계층도 높아진다. 최고위층은 원이 차지하고 있으며, 사제 계층의 특권을 누린다.

그림25 《플랫랜드》의 표지

《플랫랜드》는 놀랍게도 차원의 개념을 아주 잘 설명하고 있다. 주인공 사각형은 라인랜드(선의 나라)와 포인트랜드(점의 나라)로 여행을 떠나고, 스페이스랜드(공간의 나라)의 주민과도 상호작용하며 3차원 세계를 이해하려 애쓴다. 2차원 세계에 사는 존재들에게 3차원을 설명하기가 얼마나 어려운지 상상이 갈 것이다. 당신이라면 어떻게 설명하겠는가? 3차원은 그들이 사는 2차원 세계에서 '위아래로', 또는 '수직으로' 더 뻗어나와 있는 세계라고 설명할 수 있겠다. 하지만 이런 설명이 그들에게 어떤 의미로 다가갈까? 2차원 존재가 납작한 평면 위에 존재하지 않는 방향을 어떻게 상상할까? 자신이 존재하는 평면으로부터 멀어진다는 개념을 어떻게 이해할까? 독자들이 차원의 본질을 이해할 수 있게 돕는다는 면에서만큼은 그 후로도 이 책을 뛰어넘는 작품이 나오지 않았다.

영화 〈플랫랜드〉

책을 읽기가 내키지 않으면 영화 〈플랫랜드〉를 보면 된다. 2007년에 나온 이 영화는 마틴 신, 크리스틴 벨, 마이클 요크 등이 성우로 출연했고, 주인공 아서 스퀘어Arthur Square의 여정에 초점을 맞추고 있다.

25

축구공은 그냥 공이 아니다

수학 개념 : 형태, 기하학

주말에 운동장에서 갖고 노는 축구공에는 수학의 비밀이 숨어 있다. 축구공을 들여다보면 오각형과 육각형이 반복되는 패턴으로 덮여 있다. 이 패턴은 축구공이 정점을 깎아낸 정이십면체임을 뜻한다. 축구공형은 오각형 12개와 육각형 20개, 총 32개의 면으로 이루어져 있다. 오각형의 각 변은 육각형과 접하는 반면, 육각형의 변들은 오각형과 또 다른 육각형을 교대로 접하고 있다. 순수한 깎은 정이십면

그림26 축구공은 깎은 정이십면체를 부풀린 모양이다.

체는 오각형과 육각형이 완전한 평면이다. 이와 달리 축구공의 오각형과 육각형은 각진 모서리를 없애고 둥근 공을 만들려고 각 면을 불룩 부풀려놓았다.

도형 중에서도 깎은 정이십면체가 유독 두드러지는 까닭은 아르키메데스 입체Archimedean solid(준정다면체) 중 하나이기 때문이다. 인류 역사상 가장 위대한 수학자에 속하는 아르키메데스의 이름을 딴 이 3차원 형태들은 둘 또는 그 이상의 정다각형(정육각형처럼 변의 길이와 각의 크기가 모두 같은 도형)으로 구성된 면을 갖고 있다. 그와 관련 있는 형태인 플라톤 입체(20번 참조)는 모두 같은 종류의 정다각형으로 구성된다. 모든 면이 정사각형인 정육면체를 생각해보라.

깎은 정이십면체가 스포츠 세계에서만 발견되는 것은 아니다. 자연계에서도 현미경적인 수준에서 벅민스터풀러린 형태로 나타난다. 이것은 60개의 탄소 원자로 구성된 분자로, 1980년대가 돼서야 발견되었다. 20세기 최고의 인습타파 사상가 겸 공학자였던 벅민스터 풀러의 이름을 딴 이 분자는 공 모양으로 나타난다. 콩에 감염되는 CCMVcowpea chlorotic mottle virus 같은 일부 바이러스도 깎은 정이십면체 형태다. 이 특별한 형태는 자연계에서도, 인간이 만들어낸 세계에서도 두루 나타나는 듯하다.

26

장난감일까, 수학적 경이일까?

수학 개념 : 형태

당신은 요즘 루빅스 큐브 Rubik's Cube를 갖고 논 적이 없을지 모른다. 1980년대 초반에 세상에 얼굴을 내민 이 알록달록한 퍼즐은 역사상 가장 많이 팔린 장난감으로 추정된다. 루빅스 큐브는 총 여섯 면으로, 각 면에는 세 개의 가동성 층과 아홉 개의 미니큐브가 있다. 미니큐브는 여섯 가지 색깔 중 한 가지 색을 띤다. 큐브 퍼즐 때문에 사람들은 중독성 강한 도전에 빠져들었다. 퍼즐을 풀려면 색이 모두 뒤섞인 퍼즐을 돌려 각각의 면을 같은 색으로 맞춰야 한다.

사람을 미치게도 하고 즐겁게도 하는 루빅스 큐브는 몇 가지 수학적 사고방식을 활용한다. 그중 한 가지가 조합론이다. 조합론은 한 집합의 원소들을 순서대로 배열하는 다양한 방식을 다룬다. 루빅스 큐브의 미니큐브를 배열하는 방법은 깜짝 놀랄 정도로 많다. 사실 순열(배열의 다른 이름)의 총 수가 43,252,003,274,489,856,000, 즉 4,300경 개다. 이만한 숫자가 얼마나 큰지 감을 잡기조차 어렵다. 먼저

4,300경 개의 루빅스 큐브가 있다고 치고, 이것을 차례로 쌓아 탑을 만든다고 가정해보자. 그럼 탑은 우주까지 뻗어나간다. 대체 얼마나 뻗어나갈까? 국제 우주정거장까지? 달까지? 답을 들으면 깜짝 놀랄 것이다. 탑을 모두 쌓아올리면 높이가 261광년이나 된다.

상상을 초월하는 이 숫자를 다른 방식으로 이해할 수도 있다. 예를 들어 4,300경 개의 루빅스 큐브면 지구 표면을 온통 뒤덮을 수 있다. 한두 번도 아니고 무려 273번이나 덮을 수 있다. 아니면, 이 모든 순열의 큐브를 한 번씩 움직이는 데 시간이 얼마나 걸릴까 생각해보자. 루빅스 큐브를 한 번 돌리는 데 1초가 걸린다고 가정하면, 모든 가능한 배열을 한 번씩 돌리는 데 드는 시간은 거의 1,500조 년이 걸린다. 우주의 나이보다도 훨씬 긴 시간이다.

루빅스 큐브의 본질을 생각해보는 것은 알고리즘을 배우는 좋은 방법이기도 하다. 수학에서 알고리즘이란 한 상태에서 다른 상태로 일련의 특정 단계를 거쳐 옮겨갈 수 있게 해주는 지시의 집합을 말한다. 조립식 선반의 조립 설명서도 일종의 알고리즘이라 생각할 수 있다. 루빅스 큐브를 최단 시간에 맞추는 퍼즐 경기를 스피드큐빙이라 하는데, 여기 참가하는 사람들은 특정 미니큐브를 원하는 위치로 이동하려면 큐브의 층을 어떻게 돌려야 하는지 알려주는 알고리즘을 외고 있다. 이 알고리즘은 문자나 기호 하나로 큐브의 한 면을 나타내는 표기법을 사용한다. 예를 들면 다음과 같다.

F = 앞면　　　　B = 뒷면

R = 오른쪽 면　　L = 왼쪽 면

U = 윗면　　　　D = 아랫면

퍼즐을 풀 때 면을 시계 방향으로 돌릴지, 시계 반대 방향으로 돌릴지 알려주는 기호도 있다. 예를 들어 F는 앞면을 시계 방향으로 돌리라는 문자인 반면, F′는 시계 반대 방향으로 돌리라는 기호다. 그럼 루빅스 큐브의 가운데층을 푸는 데 사용하는 알고리즘은 이런 식으로 나타난다.

U R U′ R′ U′ F′ U F

스피드큐빙 선수들은 보통 이런 종류의 알고리즘을 40개까지 암기하고 있다.

세계에서 가장 많이 팔린 장난감

1980년 이후 루빅스 큐브의 전 세계 판매 추정치는 3억 5,000만 개다. 이로써 루빅스 큐브는 세계에서 가장 많이 팔린 장난감이 되었다. 1980년 이후 출생 인구 일곱 명 중 한 명은 루빅스 큐브를 갖고 놀았다는 말이다.

종이 크기의 비밀

다음에 복사기를 사용할 때는 복사용지에 눈길을 한번 더 주자. 그 종이의 디자인은 수많은 수학적 계획을 거쳐 나온 것이다. 국제표준화기구(ISO)에서 명시한 종이 크기, 특히 A와 B 시리즈는 특별한 기하학을 염두에 두고 만들었다. 이런 기하학적 특성은 복사할 때 이점이 있다.

A와 B 시리즈의 특별한 속성은 종이의 두 변의 비율에 있다. 양 시리즈 모두 너비와 길이의 비율이 $1:\sqrt{2}$다. 이것은 종이 면적이 A4는 A3의 절반이고, A3는 A2의 절반이라는 뜻이다. $\sqrt{2}$를 사용하면 각 사이즈의 너비와 길이의 비율이 같아진다.

각각의 사이즈는 그 다음 큰 사이즈, 그 다음 작은 사이즈와 완벽한 비율로 조화된다. 예를 들어 A4 용지는 너비 210mm, 길이 297mm다. 반면 A3 용지는 너비 297mm, 길이 420mm다.

그 결과 복사기를 사용할 때 A4 용지의 크기를 줄이고 싶으면 A5

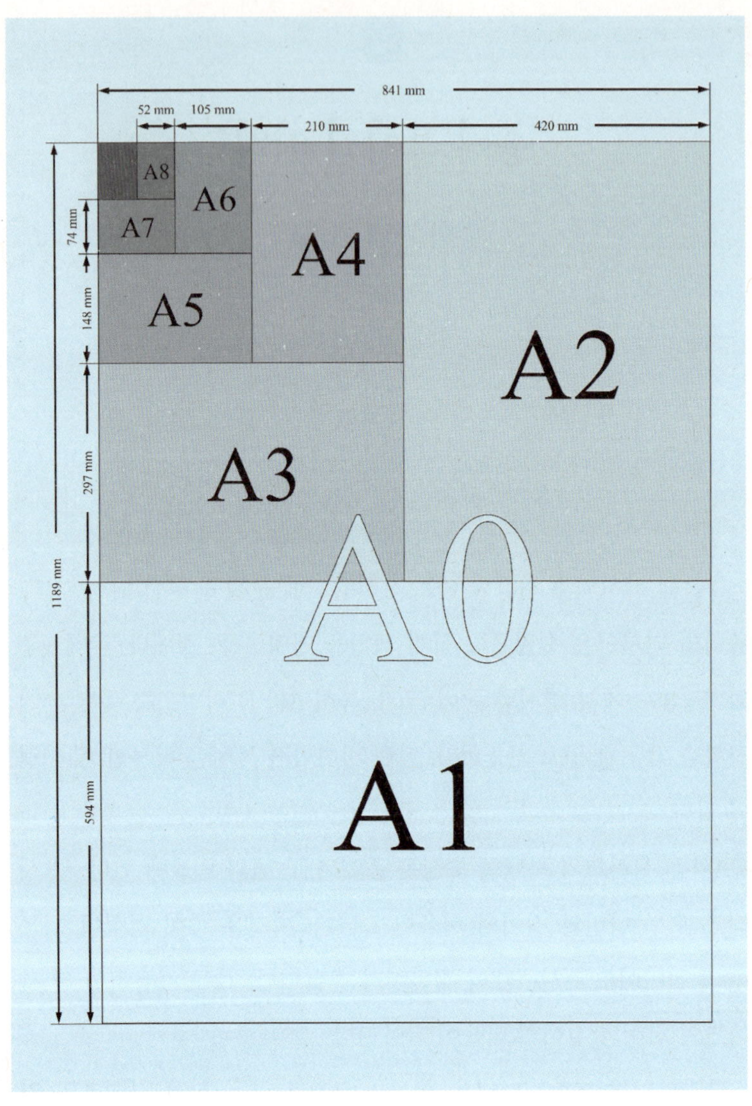

그림28 국제표준화기구에서 명시한 종이의 크기

용지로 바꿀 수 있다. A5 용지는 A4 용지의 딱 절반이기 때문에 A4

용지를 반으로 잘라 A5 용지로 사용하면 종이가 전혀 낭비되지 않는다. 그리고 각각의 사이즈가 모두 같은 비율이기 때문에 아무리 확대하거나 축소해도 종이 위의 정보는 똑같은 비율로 나타날 것이다. 복사처럼 일상적인 업무에서도 기하학은 우리의 삶을 더 편리하게 해준다.

종이 한 '첩帖'은 얼마나 될까?

제지업계에서 사용하는 용어는 일반인에게 낯설 때가 많다. 예를 들어 종이 한 첩이라고 하면 크기가 같은 종이 24장이나 25장을 말한다. 이는 전지 종이 500장을 말하는 1연連의 1/20에 해당한다.

지구를 지도로 그리기

수학 개념 : 자기유사성

어느 집 벽에 걸린 지도나 도로 지도책의 지도를 본 적이 있다면 당신은 실제로 활용되는 수학을 본 것이다. 앞(22번 참조)에서 가우스와 피자를 얘기하며 배웠듯이 구체를 완벽하게 2차원 평면에 나타내기는 불가능하다. 따라서 지구와 다른 행성, 구체의 2차원 지도는 반드시 왜곡이 일어난다. 구체 위의 정보를 대체 얼마나 정확하게 종이에 옮길 수 있을까? 바꿔 말하면, 구면을 어떻게 평면 지도로 전환할 수 있을까?

여기서 수학이 등장한다. 지도의 종류는 여러 가지고, 각 지도는 지구를 살짝 다른 방식으로 그려낸다. 이런 각각의 방법들을 도법이라 한다. 점장도법 또는 메르카토르도법Mercator projection에 대해서는 이미 들어보았을 것이다. 1569년 네덜란드 지도 제작자 헤라르뒤스 메르카토르Gerardus Mercator가 제시한 방법으로 항해사들에게 대단히 유용한 도법이다. 이 도법을 사용하면 A 지점에서 B 지점으로 갈 때 한 지점에서 다른 지점으로 선만 그리면 된다. 그러면 목적지로 데려다줄 정확한 나침반 방위를 알 수 있다. '내셔널지오그래픽'에서 출판한 '세계 벽지도'(벽에 거는 지도)를 본 적이 있는가? 그것은 로빈슨도법^{Robinson projection}으로 작업한 것이다. 로빈슨 지도는 극지방의 상대적 크기가 실제보다 훨씬 확대되어 보이는 메르카토르도법의 왜곡을 줄이기 위해 개발되었다.

어떤 지도는 원과 비슷하게 생기고, 어떤 지도는 지구의 북극이나 남극을 중심으로 제작되었다. 이런 형태로 두 개의 원형 지도가 한 면에 같이 들어 있는 골동품 지도를 본 적이 있는지도 모르겠다. 이

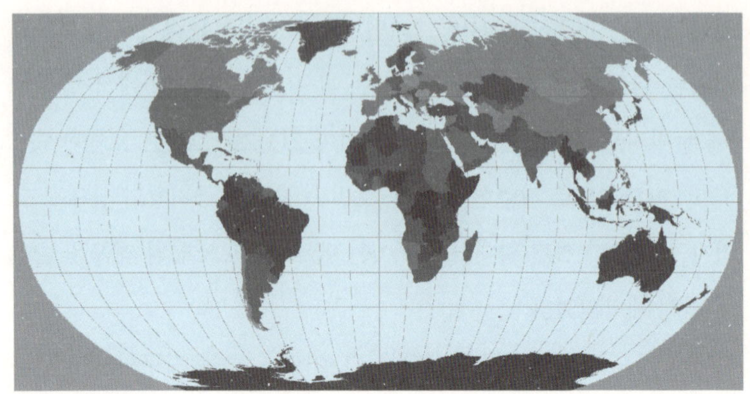

그림30 로빈슨도법

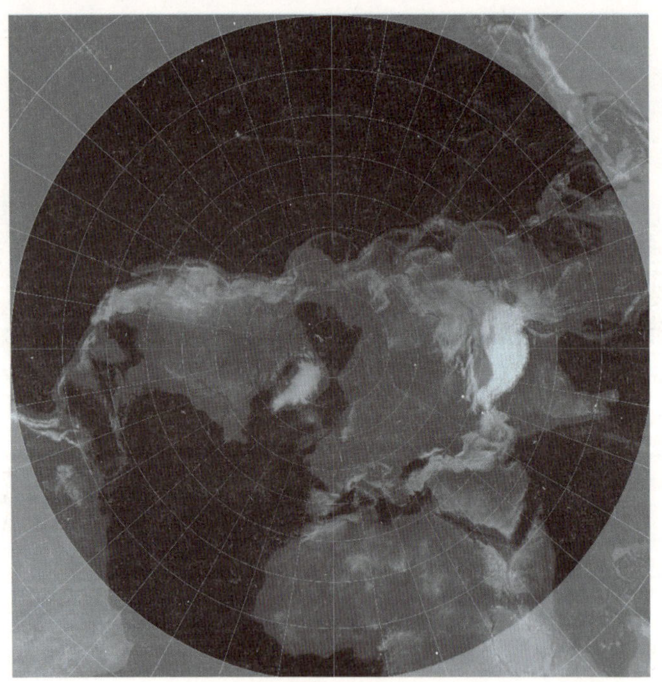

그림31 평사도법

런 종류의 지도를 평사도법^{stereographic projection}이라 한다. 일부 지도와 달리 평사도법 지도는 정각正角이다. 즉, 이 도법에 나온 각도들은 모두 실제 각도와 같다는 말이다(거리와 면적은 그렇지 않다). 게다가 지구를 두르고 있는 원들은 평사도법 지도에서 원으로 그려진다. 그 원이 어쩌다 투영점(지도의 중심)을 지나면 지도에서 직선으로 나타난다.

골—피터스 도법 Gall—Peters projection

메르카토르도법을 비롯한 일부 도법은 대륙의 상대적 크기가 왜곡된다. 제임스 골James Gall과 아르노 피터스Arno Peters의 이름을 딴 골—피터스 도법은 대륙의 상대적 크기를 좀 더 정확히 표현해 왜곡을 일부라도 수정하려 하고 있다. 당신이 미국 드라마 〈웨스트윙〉의 팬이라면, '사회적 평등을 위한 지도 제작자 모임'이라는 가상 조직이 이 도법을 지지했던 에피소드를 기억할지도 모르겠다.

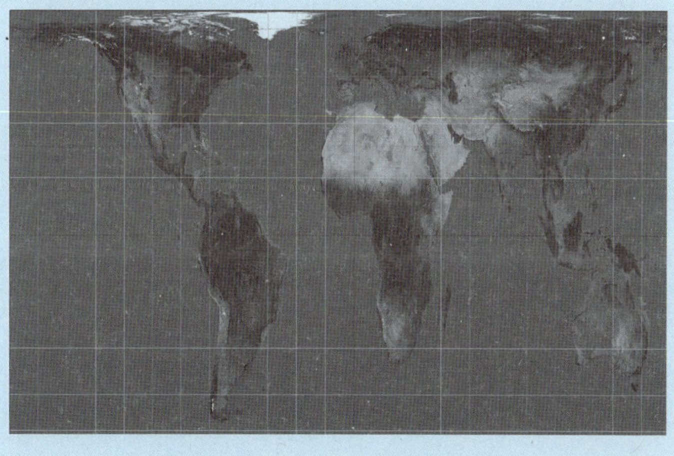

M&M 초콜릿 포장

수학 개념 : 조합론

수학은 소수의 사람들과 관련 있을 뿐 일상생활과 거리가 멀다고 생각하는 사람이 있을지 모르겠다. 하지만 수학은 가장 흔한 장소에도 숨어 있다. 일상생활과 17세기 수학의 관련성은 식료품 가게의 사탕 진열장처럼 아주 가까운 곳에 숨어 있다.

행성 운동의 법칙을 알아내어 유명해진 요하네스 케플러(20번 참조)는 1611년 구체 모양의 입자로 공간을 채울 때 시장에서 파는 오렌지를 쌓아놓은 것처럼 쌓는 것이 가장 효율적이라는 가설을 내놓았다. 이것을 케플러의 추측 Kepler conjecture 이라 한다. 면심입방격자구조라는 이 기법을 이용하면 공간의 약 74%를 채울 수 있다. 그렇지만 구체를 공간 속에 그냥 쏟아부으면 약 64%의 공간만 채울 수 있다.

다시 사탕으로 돌아가보자. 연구자들은 M&M 초콜릿처럼 납작하게 눌린 구체, 즉 회전타원체 spheroid 역시 구체만큼 사탕단지에 잘 들어간다는 사실을 발견했다. 회전타원체 역시 오렌지처럼 쌓아올리면

공간의 약 74%를 채운다. 하지만 무작위로 쏟아부으면 구체보다 훨씬 나은 약 71%의 공간을 채운다. 사람들은 회전타원체가 구체보다 더 효율적으로 공간을 채우는 이유는 회전타원체가 이리저리 구르다 결국 빈 공간을 더 채우기 때문이라 생각한다. 다른 형태를 이용하면 훨씬 나은 수치가 나온다. 럭비공과 비슷하게 생긴 타원체ellipsoid는 무작위로 쏟아부어도 주어진 공간을 74%까지 채울 수 있다.

케플러는 자신의 추측을 증명하지 못했지만, 가우스는 1800년대에 제한적인 증명을 고안해냈다. 케플러의 추측이 옳았음을 확증하는 마지막 증명은 1990년대에 수학자 토머스 해일스Thomas Hales가 컴퓨터 프로그램의 도움을 받아 해냈다. 그의 증명은 700쪽에 이를 만큼 방대해, 그 증명을 확인하기 위해 컴퓨터 알고리즘을 이용했다!

파란색 M&M

1995년 캔디 마니아들이 M&M 초콜릿에 새로 추가할 색을 두고 투표를 했다. 투표 참여 인원이 무려 천만 명이 넘었다. 투표 결과 파란색이 54%의 득표율로 우승을 차지했고, 분홍색과 보라색이 뒤를 이었다. 그리하여 새로운 파란색 M&M이 밋밋한 갈색 M&M을 대체했다.

일곱 조각의 비밀

수학 개념 : 탱그램

게임을 좋아하는 사람이면 탱그램tangram도 좋아할 것이다. 탱그램은 중국에서 온 퍼즐로 1813년 처음 문헌에 등장하지만, 이것이 수천 년 전에 생겼다고 믿는 사람도 있다. 우리나라에서는 칠교놀이라고 알려져 있다.

고전적인 탱그램 세트는 큰 삼각형 두 개, 중간 크기 삼각형 하나, 작은 삼각형 두 개, 사각형 하나, 평행사변형(마주 보는 두 변이 서로 평행인 사각형), 이렇게 일곱 조각으로 구성되어 있다. 삼각형들은 모두 직각삼각형(세 각 중 하나가 90도인 삼각형)이다. 탱그램은 목재나 플라스틱, 유리, 거북딱지 등 어떤 재료로도 만들 수 있다. 종이와 연필, 자, 가위만 있으면 자기만의 탱그램도 만들 수 있다.

탱그램의 목적은 일곱 조각을 배열해 동물이나 사람 같은 복잡한 형태를 만들어내는 것이다(탱그램 세트는 대부분 다양한 예시를 게재한 책과 함께 판매한다). 원칙적으로 조각을 포개놓을 수 없고, 각 조각의

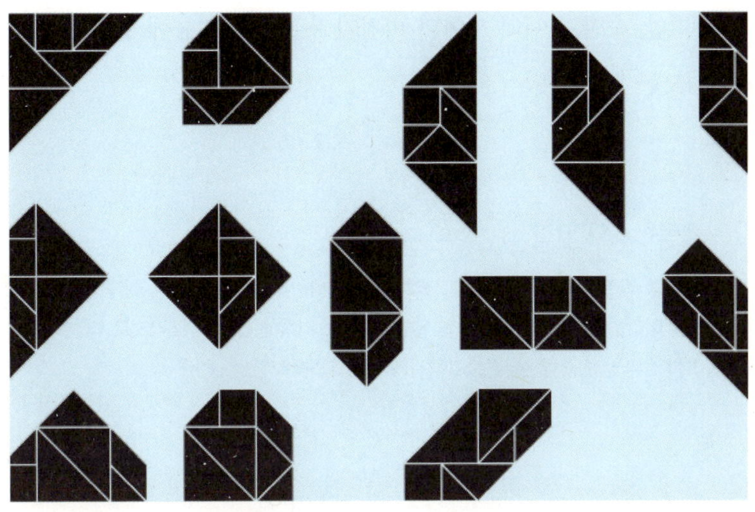

그림33 탱그램 조각 일곱 개로 만든 볼록다각형

가장자리는 다른 조각의 가장자리와 닿아야 한다.

탱그램과 수학의 관련성은 분명하게 드러난다. 이 형태들은 점, 선, 각을 다루는 수학 분야인 기하학에서 볼 수 있는 도형들이기 때문이다. 탱그램은 수학자들을 더욱 깊은 성찰로 이끌기도 했다. 몇몇 수학자들은 탱그램 세트의 일곱 조각을 이용해 만들 수 있는 형태가 몇 가지나 되는지 궁금해했다. 이들이 머릿속에 그리는 형태는 동물이나 사람이 아니라 사각형이나 오각형처럼 면의 개수가 셋이나 그 이상이고, 도형의 중앙을 향해 움푹 들어간 면이 없는 볼록다각형^{convex polygon}이었다. 수학자들은 탱그램 조각 일곱 개를 모두 사용하면 오각형 두 개, 사각형 여섯 개, 삼각형 하나, 육각형 네 개, 이렇게 총 13개의 볼록다각형을 만들 수 있다는 것을 알아냈다. 이 퍼즐은 아주 간단하지만, 수학의 여러 분야와 마찬가지로 곧바로 눈에 들어오지 않는 심오한 측면이 담겨 있다.

콜럼버스의 달걀

탱그램 세트가 모두 삼각형과 사각형으로 이루어진 것은 아니다. '콜럼버스의 달걀'이라는 한 변형품은 2차원 달걀 형태로 시작해 일련의 조각으로 나뉜다. 이렇게 나뉜 조각 중 일부는 가장자리가 둥그스름하다.

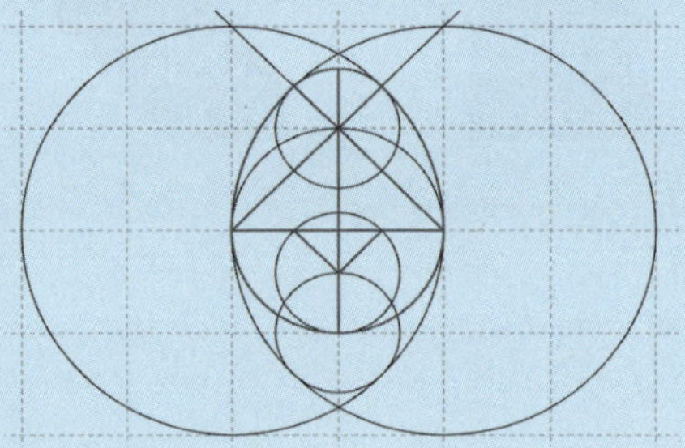

31

벨벳 로프도 수학적 존재다

수학 개념 : 카테너리 곡선

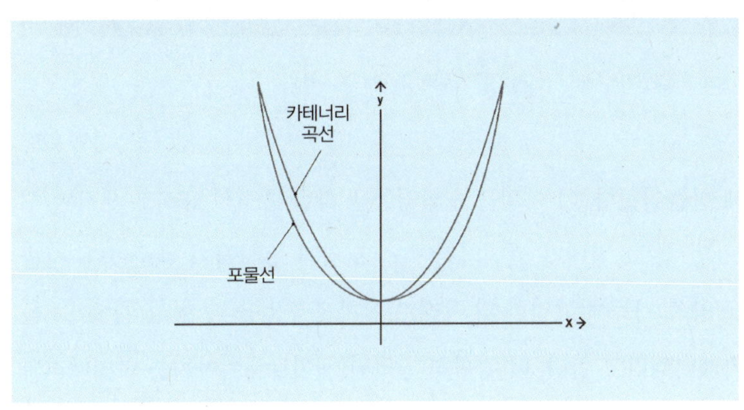

그림34 카테너리 곡선의 형태

미국 미주리 주 세인트루이스에 가면 게이트웨이아치를 그냥 지나
칠 수 없다. 게이트웨이아치는 땅 위로 192m나 솟아오른 거대한 강
철 콘크리트 구조물로, 북아메리카를 개척한 개척자들이 서부로 가
는 관문 역할을 했던 세인트루이스의 역사를 상징하기 위해 1965년

에 만들어졌다. 이 아치는 수학자들을 향한 존경의 표시로 생각할 수도 있다. 그 형태가 카테너리catenary 모양과 흡사하기 때문이다. 사슬을 양쪽 기둥에 고정한 뒤 아래로 처지게 두었을 때 형성되는 아치를 카테너리라고 한다. 더 정확히 말하면 게이트웨이아치는 카테너리와 유사한 형태를 위아래로 뒤집어놓은 것이다. 카테너리는 송전탑 사이로 늘어져 있는 고압전선, 배를 항구에 붙잡아매는 무거운 케이블 등의 형태에서 볼 수 있다. 극장이나 콘서트장에서 줄을 서서 기다리는 사람들을 통제하기 위해 쳐놓은 벨벳 로프에서도 볼 수 있다.

카테너리는 종류가 다른 곡선인 포물선과 비슷해 보이지만, 카테너리를 기술하는 방정식은 크리스티안 하위헌스Christiaan Huygens, 야코프

베르누이^{Jakob Bernoulli}, 고트프리트 라이프니츠^{Gottfried Leibniz}라는 과학계 3대 거장이 1691년에야 발견했다. 1691년은 수학의 역사에서 보면 최근에 해당하는 시기다.

건축물의 카테너리 곡선

위아래가 뒤집힌 카테너리 곡선은 건축에 자주 등장해 다양한 공간에 아름다움과 품위를 더해준다. 예를 들어 안토니 가우디^{Antoni Gaudi}의 카사밀라(스페인 바르셀로나에 있는 고급주택) 테라스 아래서도 나타나고, 영국 사우스요크셔에 있는 셰필드 윈터가든의 지붕도 떠받치고 있다.

32

현수교는 어떻게 차의 무게를 지탱할까?

수학 개념 : 물리

아름다운 건축물을 상상해보라고 하면 현수교를 떠올리는 사람이 꽤 많다. 하늘 높이 치솟은 이 건축물은 케이블 덕분에 쉽게 알아볼 수 있다. 케이블은 그저 예쁘기만 한 것이 아니라 아래의 도로를 지탱하는 역할을 한다. 파도 모양의 곡선은 포물선 형태의 한 가지 보

그림36 아름다운 포물선을 그려내는 현수교

기다. 포물선은 수학자에게 무척 익숙하고, 물리 세계에서도 여러 곳에서 발견되는 형태다.

기하학 수업시간에 배운 직교 좌표계를 기억한다면, $y=x^2$이라는 함수를 이용해 포물선을 그래프로 그릴 수 있다는 것을 알 것이다. 또는 포물선은 원뿔곡선conic section이라는 도형 부류라는 것을 기억할지도 모르겠다. 원뿔곡선은 직원뿔을 평면으로 다양하게 잘랐을 때 생기는 단면의 평면곡선을 말한다. 무거운 도로와 차들의 무게로 발생하는 아래 방향의 힘을 케이블이 현수교 타워로 전해주고, 현수교 타워가 다시 그 힘을 땅으로 전달한다는 것을 물리학 수업시간에 배운 사람도 있을 것이다. 도로의 무게와 그 위를 지나는 차들의 무게도 케이블 모양이 포물선이 되는 이유로 작용한다. 만약 그 무게가 없었다면 케이블 모양은 카테너리 곡선에 더 가까웠을 것이다. 매달려 있는 로프 같은 물체에 작용하는 힘이 오직 그 로프에 작용하는 중력밖에 없을 때 나오는 모양이 바로 카테너리 곡선이다(31번 참조).

트러스교와 삼각형

모든 다리에 케이블이 달려 있지는 않다. 어떤 다리는 트러스라는 구조적 요소를 이용해 건설한다. 트러스교는 보통 삼각형 모양의 구조를 이용해 만든다. 이 삼각형들은 전체 구조가 하나의 단위로 작용할 수 있도록 연결돼 있다.

2부

행동

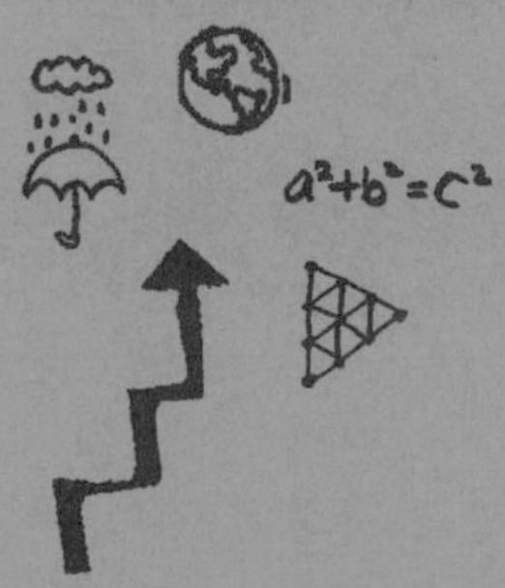

33

버스는 왜 몰려다닐까?

수학 개념 : 카오스 이론

정류장에서 버스를 기다리는 시간이 예상보다 훨씬 길어질 때가 있다. 발을 동동 구르며 버스가 오는 방향을 눈이 빠지게 보다보면 난데없이 버스 두 대가 잇따라 나타난다. 그럼 하소연이 절로 나온다. "젠장, 버스를 일정한 간격으로 떨어뜨려 놔야지, 이게 뭐야? 도대체 버스 배차 담당이 누구야?"

버스가 몰려다니는 이유는 버스 배차 간격을 잘못 조정했기 때문이 아니다. 사실 버스는 거의 필연적으로 몰려다닐 수밖에 없다. 아침 일찍 그날의 첫 운행을 위해 차고에서 출발하는 버스를 생각해보자. 두 대가 10분 간격으로 출발했다고 하면, 두 버스는 10분 차이로 하루 운행을 시작하게 된다. 버스가 하는 일이 정류장에 도착해 정해진 시간만큼 기다렸다가 다시 출발하는 것이라면 버스끼리 몰려다니는 일은 절대 일어나지 않는다. 하지만 실제로 버스가 정류장에 도착하면 다양한 승객들이 오르내리고, 사람마다 버스 승하차에 걸리는 시간도 제각각이다. 지팡이를 짚고 걷는 노인과 방방 뛰어다니기 바쁜 열 살 소년을 비교해보라. 더군다나 어떤 버스정류장은 대기 승객으로 만원이 되기도 한다. 학교 근처에 있는 정류장이 그럴 것이다. 매일 오후 3시면 학생들이 쏟아져나와 집으로 가는 버스를 타려고 정류장에서 기다릴 테니 말이다. 어떤 경우든 버스는 노선 가운데 어느 지점에서도 운행이 지체될 수 있다.

이런 지체현상을 감안하면 버스가 몰려다닐 수밖에 없는 이유가 좀 더 분명해진다. 어떤 승객의 탑승시간이 오래 걸려서, 대기 승객이 많아서 버스가 정류장에서 기다리는 시간이 길어지면 다음 정류장에는 그만큼 더 많은 승객이 기다리게 된다. 버스가 마침내 그다음 정류장에 도착하면 이렇게 쌓인 더 많은 승객을 태워야 해서 탑승시간이 또 길어진다. 그럼 그다음 정류장에는 더 많은 승객이 기다

그림37 버스가 몰려오는 데는 수학적 이유가 있다.

린다. 이런 지체 과정이 꼬리에 꼬리를 물어 지체 시간이 눈덩이처럼 불어난다.

반면 지체된 버스 뒤에 오는 버스는 막상 정류장에 도착하면 대기 중인 승객이 별로 없다. 대부분 앞서간 버스를 탔기 때문이다. 대기 승객이 별로 없으니 승객 탑승시간도 짧다. 그래서 비교적 빠른 시간에 출발해 다음 정류장에 일찍 도착한다. 이렇게 시간을 줄이다보면 지체된 버스가 점점 더 지체되는 것과 마찬가지로 빨리 가는 버스는 점점 더 빨라진다. 그러다 보면 결국 뒷버스가 앞버스를 따라잡아 두 버스가 몰려다니게 되는 것이다. 앞버스가 배차 간격을 맞추기 위해 정류장을 그냥 지나치지 않는 한 말이다.

버스가 몰려다니는 현상은 카오스 이론의 한 본보기다. 카오스 이론은 초기 조건의 작은 차이가 결국 극적인 차이로 이어지는 현상을 설명하는 수학 분야다. 이 경우에는 사람들이 버스에서 승하차하는 시간에서 생기는 작은 차이가 그 노선에서 운행하는 다른 버스들과의 상대적 위치에 극적인 영향을 미치는 것으로 볼 수 있다.

나비효과 butterfly effect

카오스 이론을 들어본 사람은 나비효과도 들어보았을 것이다. 나비효과는 1960년대에 수학자 에드워드 로렌츠 Edward Lorenz가 처음 기술했다. 그는 날씨 패턴을 연구하다가 일기예측 모형에 입력하는 데이터에 아주 작은 차이가 생기면 전혀 다른 결과로 이어진다는 사실을 알아차렸다. 나비효과에 따르면, 나비의 날갯짓 같은 아주 작은 변화도 허리케인 같은 거대한 기상 변화를 일으킬 수 있다고 한다.

카지노에서의 착각

수학 개념 : 도박사의 오류

도박을 좋아하는가? 그렇다면 당신은 도박사의 오류gambler's fallacy라는 형태로 자기도 모르는 사이에 수학을 접했을 것이다.

당신이 주사위를 던진다고 하자. 주사위는 1, 2, 3, 4, 5, 6, 이렇게 여섯 숫자를 갖고 있다. 따라서 주사위를 한 번 던졌을 때 그중 한 숫자가 나올 확률은 1/6이다. 주사위를 열 번 던졌다고 하고, 다음 결과가 나왔다고 하자.

첫 번째 : 5

두 번째 : 2

세 번째 : 1

네 번째 : 2

다섯 번째 : 4

여섯 번째 : 3

일곱 번째 : 4

여덟 번째 : 5

아홉 번째 : 3

열 번째 : 3

이런 경우 사람들은 6이 아직 나오지 않았으니까 다음에 6이 나올 확률이 6이 이미 나왔을 때(이를 테면 앞에서 주사위를 열 번 던져서 6이 세 번 나왔을 때)보다 더 높다고 생각할 수 있다. 사람들은 이렇게 생각한다. "6이 아직 안 나왔으니까 이제 나올 때가 됐어." 하지만 사실 이번에 6이 나올 확률은 처음 주사위를 던질 때와 전혀 다르지 않다. 여기서 일어나는 논리적 오류는 과거에 주사위를 던졌던 행동이 미래에 주사위를 던지는 행동에 영향을 미친다고 생각하는 것이다. 주사위를 100번 던져 6이 한 번도 안 나왔다고 해도 101번째 던졌을 때 6이 나올 확률은 여전히 1/6이다.

도박사의 오류는 '몬테카를로의 오류'라고도 한다. 이 이름은 아마 1913년 8월 어느 저녁 몬테카를로 카지노에서 유래했을 것이다. 그날 저녁 룰렛에서 스물여섯 판 연속으로 검은색이 나왔다(룰렛을 보면 검은색 칸과 빨간색 칸이 교대로 나온다. 26번 연속 검은색이 나올 확률은 $1/2^{26}$, 즉

67,108,864분의 1이다). 운명의 스물일곱 번째 판이 돌아갈 때가 되자 더 많은 도박사들이 빨간색에 돈을 걸었다. 검은색이 오래 나올수록 빨간색이 나올 확률이 더 커진다고 확신한 것이다. 하지만 룰렛을 아무리 여러 판 돌려도 검은색과 빨간색이 나올 확률은 변하지 않는다. 확률에 관한 한 모든 판은 첫 판이나 마찬가지기 때문이다.

수학자와 통계학자들은 도박사의 오류가 생기는 이유는 룰렛 판이나 주사위 같은 생명 없는 물체가 기억력을 갖고 있다는 믿음 때문이라고 설명한다. 이런 믿음이 확대되면 생명 없는 물체들이 과거에 자신이 어떻게 행동했는지 알고서 미래의 행동을 그에 맞추어 조정한다는 개념으로 이어진다. 하지만 이런 물체들은 당연히 기억력이 없다. 룰렛을 돌리거나 주사위를 던질 때 각각의 판은 다른 판과 완전히 독립적이다. 도박장치를 조작하지 않는 한 말이다. 어느 쪽에 돈을 걸지 결정할 때는 이 점을 명심하자!

인신공격성 논쟁도 오류의 한 사례가 된다. 어떤 사람이 내놓은 진술과 그 사람의 인격 사이에는 아무 상관이 없는데도 그 사람의 진술을 지지하거나 반대하는 증거로 인격을 들먹이는 것이 인신공격성 논쟁이다. 예를 들어 당신이 한 친구와 사형제도에 대한 논쟁을 벌이고 있다고 하자. 두 사람은 각각 자기 관점이 옳다고 제3의 친구를 설득하고 있다. 당신과 논쟁을 벌이는 친구가 최근에 아내 몰래 바람을 피웠다고 하자. 당신이 제3의 친구에게 이렇게 말한다. "저놈 말은 귀담아들으면 안 돼. 바람 피운 놈이라고." 그럼 당신은 인신공격의 오류를 범하게 된다. 당신과 논쟁하는 상대의 사생활은 그 사람이 내놓은 주장의 정당성과 아무 관련이 없다.

35

아카데미상 선정 투표 방법

수학 개념 : 조합론

아카데미상 수상식이 방영되는 동안 친구와 가족들은 텔레비전 주변에 모여 앉아 마지막에 나올 최우수작품상 발표를 기다린다. 그런데 아카데미는 수상 작품을 어떻게 결정할까? 바로 선호투표제preferential voting라는 방식을 이용한다.

사람들이 익숙한 투표 방식은 후보가 나열된 투표용지를 받아 자기가 원하는 후보의 이름 옆에 표시를 하는 것이다. 이것을 대통령 선거라고 가정해보자. 그럼 공무원들이 투표용지를 모두 확인해 각 후보의 득표수를 센다. 여기서 가장 많은 표를 얻은 사람이 대통령이 된다.

이와 달리 선호투표제는 투표자가 원하는 한 사람에게만 표시하지 않고, 투표용지에 올라온 모든 후보의 이름 옆에 표시한다. 투표용지에 다섯 사람이 올라왔으면 투표자는 자기가 가장 원하는 후보 옆에 1번을, 그다음 원하는 후보 옆에 2번을… 표시하는 식으로 5번까지 모두 표시한다. 투표용지를 검사하는 개표관리인은 다섯 후보자가 얻은 각각의 표를 분류한다. A 후보 이름 옆에 1번이 적힌 투표용지는 모두 A 후보 앞으로 모으고, B후보 이름 옆에 1번이 적힌 투표용지는 B 후보 앞으로 모으는 식이다. 이렇게 모은 투표용지 중 어느 후보가 1번 표시를 50% 이상 득표한 경우에는 그 사람이 우승이다. 그렇지 않으면 1번을 가장 적게 득표한 후보를 고려 대상에서 제외한다.

개표는 여기서 끝나지 않는다! 개표관리인은 다시 한 번 모든 투표용지를 검토하며 어느 후보 이름 옆에 2번이 표시되었는지 확인한다. 그리고 앞선 진행과 같은 과정을 반복한다. A 후보 이름 옆에 2번이 적힌 투표용지는 A 후보 앞으로, B후보 이름 옆에 2번이… 이렇게 진행한다. 1번 표시 때와 마찬가지로 2번을 가장 적게 득표한 후보를 고려 대상에서 제외한다. 누군가가 50% 이상 득표할 때까지 이런 과정이 번호를 높여가며 3번과 4번으로 이어진다. 이런 과정을 보면, 투표가 늘 보는 것처럼 간단한 것만은 아니다.

숫자로 보는 오스카

1929년 아카데미상 수상식이 처음 열린 후 모두 3,000개가 넘는 오스카 트로피가 수여되었다. 이 행사를 후원하는 단체인 미국 영화예술과학아카데미는 회원이 대략 6,000명이다. 가장 많은 수상 후보를 냈던 영화는 〈이브의 모든 것〉과 〈타이타닉〉으로 각각 14개 부문에 후보를 올렸다.

36

빗속에서 최대한 덜 젖는 법

수학 개념 : 형태

수학이 등장하는 전형적인 상황 중 하나가 폭우 한가운데 붙잡히는 경우다. 우산도 없이 퍼붓는 빗속에 꼼짝없이 붙잡혔다고 가정하자. 가능한 한 덜 젖게 하려면 어떻게 해야 할까? 물론 가만히 서 있는 것은 답이 아니다. 물에 빠진 생쥐 꼴이 될 테니까. 현실성 있는 선택은 가장 가까운 피신처로 걸어가거나 뛰어가는 것이다. 걸어가면 비를 더 오래 맞으니까 더 젖을 것 같고, 뛰어가면 뛰는 과정에 더 많은 빗방울과 부딪혀 더 젖을 것 같다. 과연 어느 쪽이 덜 젖을까?

이것을 알아내는 데 수학이 도움이 된다. 먼저 문제를 다루기 쉽게 재설정해보자. 첫째, 실제 사람 대신 거대한 벽돌처럼 생긴 3차원 사각형 모양의 사람을 상상하자. 둘째, 비가 일정한 속도로 내린다고 가정하자. 비가 갑자기 더 쏟아지거나 중간에 멎는 일은 없다. 셋째, 비가 지표면과 90도를 이루며 곧장 아래로 떨어진다고 가정하자. 이제 머리를 굴릴 만한 보기 좋고 간단한 시나리오가 나왔다.

사각형 사람의 머리(이 사람의 머리는 평면이다.)에 얼마나 많은 비가, 좀 더 구체적으로 얼마나 많은 부피의 비가 내릴지 알아보자. 비가 일정한 속도로 곧장 아래로 떨어지기 때문에 사각형 사람이 걷든 뛰든, 그동안 그 사람의 머리에 비가 일정한 속도로 내릴 것이다. 이 일정한 속도 때문에 놀라운 결과가 나온다. 이 사람이 걷든 뛰든, 동일한 크기의 빗줄기 아래에서 움직인다는 것이다. 이러한 빗줄기 역시 3차원 사각형으로 상상할 수 있다. 서 있는 사람의 머리에 내리는 사각형 비는 위아래로 곧장 뻗은 일반적인 사각형 모양으로 보일 것이다. 반면 앞으로 걷거나 뛰는 사람의 머리에 내리는 사각형 비는 비스듬하게 보일 것이다. 여기서 결정적으로 중요한 것은 곧게 선 사각형과 기울어진 사각형 모두 부피가 같다는 점이다(3D 평행사변형,

좀 더 정확히 평행육면체의 부피는 길이×높이×깊이로 계산할 수 있다).
그와 유사하게, 비가 내리는 속도와 마찬가지로 사람 정면의 표면적
도 항상 같기 때문에 걷거나 달리는 동안 사람이 맞는 비의 부피는
똑같다.

폭우에 붙잡힌 사람이 맞는 비의 총량을 나타내면 다음과 같은 방
정식이 나온다.

총 부피=(빗속에서 보낸 시간×비 내리는 속도)
　　　　+(피신처까지의 거리×비 내리는 속도)

피신처까지 가는 거리는 불변이기 때문에 비 맞는 양을 최소화하
는 방법은 빗속에 머무는 시간을 줄이는 길밖에 없다. 최대한 빨리
뛰는 것 말고 방법이 없다는 소리다.

알레산드로 데 안젤리스Alessandro De Angelis의 비교 고찰

이탈리아 우디네 대학교의 물리학자 알레산드로 데 안젤리스가 계산해보니 비
가 올 때 걷지 않고 뛰면 다른 변수가 동일한 경우 겨우 10%만 덜 젖는다는 것
이다. 그래서 그는 1987년 《유럽 물리학 학술지》에 발표한 논문에서 차라리 걷
는 편이 더 낫다고 결론지었다. 들이는 노력에 비해 효과가 별로 크지 않기 때
문이다.

37

계산대 줄서기

수학 개념 : 대기행렬이론

식료품 쇼핑을 하다보면 짜증나는 일이 한두 가지가 아니다. 카트 때문에 진열대 통행로가 막히기도 하고, 사려고 하는 시리얼이 품절일 때도 있다. 또 잼은 대체 어디 있는지…. 최악의 짜증은 계산대 앞에서 줄을 서서 기다리는 일이 아닐까 싶다. 그런데 막상 줄을 골라 서면 다른 모든 줄들이 내가 선 줄보다 빨리 빠지는 것만 같다. 왜 내가 서 있는 줄이 가장 빨리 빠지는 일은 일어나지 않을까?

이런 대기행렬의 행동을 다루는 수학 분야를 대기행렬이론queuing theory이라 한다. 이 분야는 1900~1910년 덴마크 코펜하겐에서 처음 등장했다. 공학자 겸 수학자인 아그너 크라루프 에를랑Agner Krarup Erlang은 대부분의 전화 통화가 연결되게 만드는 데 필요한 최소 전화회선 수가 몇 개인지 알아내려 애썼다. 당시에는 사람이 직접 연결 잭을 일일이 구멍에 끼워 회선을 연결했다. 전화회사 입장에서는 회선이 부족한 것도, 넘치는 것도 원치 않았다. 회선이 부족하면 많은 사람이 동시에 전화를 하려 들 때 통화 정체가 일어난다는 뜻이고, 회선이 넘치면 회사가 필요하지 않은 장비에 비용을 지불하고 있다는 뜻이었기 때문이다.

에를랑의 이름은 전화통신계에 영원히 남게 되었다. 그의 이름을 딴 '얼랑'은 전화통신 부하 또는 통신 소통의 단위로 소통량을 측정하는 데 사용된다. 그가 발견한 내용은 전화통신망 외에 교통공학, 인터넷, 공장 설계 등 다른 영역에도 적용되고 있다.

당신도 대기행렬이론을 직접 체험했을 것이다. 대기행렬이론가들은 고객들이 계산대마다 줄을 따로 서지 않고 한 줄로 통일해서 기다리다 빈 계산대가 생길 때마다 그곳으로 빠져나가면 대기시간이 크게 줄어든다고 한다. 이것을 '한줄서기'라고 한다. 한줄서기가 대기시간을 최소화해주는 이유는 간단하다. 여러 줄 서기 방식에서는 한 고객이나 창구직원이 느려지면 줄 전체가 지체되는 반면, 한줄서기 방식에서는 느린 사람이 한 창구를 잡아먹고 있더라도 나머지 고객들을 다른 창구로 유도할 수 있기 때문이다. 이렇게 해도 지체현상은 계속되겠지만 그 영향은 그렇지 않은 경우보다 훨씬 작아진다.

왼쪽? 오른쪽?

왼쪽 줄에 설지, 오른쪽 줄에 설지 선택해야 하는 경우에 왼쪽 줄에 서는 것이 더 낫다고 믿는 사람도 있다. 전체 인구 90%는 오른손잡이라, 이들이 자연스럽게 오른쪽으로 향한다는 것이다. 근거 없는 속설에 불과한지 모르지만, 놀이공원에서 줄이 길게 늘어서 있으면 왼쪽 줄에 서는 것도 시도해볼 만하다.

38

기계일까, 사람일까?

수학 개념 : 튜링 테스트

1982년 개봉한 영화 〈블레이드 런너〉를 본 사람이면 첫 장면을 기억할 것이다. 한 남자가 책상에 앉아 자욱한 담배 연기 너머 맞은편에 앉은 남자가 인조인간인지 아닌지 검사하는 장면 말이다. 의식이 있는 존재인지 아닌지 검사한다는 개념은 20세기 공상과학 소설에나 나올 만한 설정처럼 보이지만, 사실 이 개념이 등장한 지는 몇 세기가 지났다. 르네 데카르트^{René Descartes}는 1637년에 나온 자신의 책 《방법 서설》에서 이 부분을 언급했다. 그는 만약 사람처럼 생기고 사람처럼 행동하는 기계가 존재한다고 해도 다음과 같은 이유로 그것이 인공물임을 가려낼 수 있다고 주장했다.

1. 그 기계는 다양한 상황에서 설득력 있게 말할 수 없다. 바꿔 말하면, 미리 프로그래밍된 언어의 한계를 결코 뛰어넘지 못한다는 얘기다.

2. 그 기계는 결코 범용의 방식으로 행동할 수 없다. (데카르트가 한 말의 의미는 기계가 용접이나 인쇄 등 어느 특정 업무에 전문화되어 탁월한 성능을 보일 뿐, 한정된 목적을 위해 설계된 부품을 갖고 있기 때문에 세상과 창조적이고 자발적인 상호작용을 할 능력이 없다는 것이다.)

생각하는 생명체와 기계를 구분하는 방법 중 가장 명확한 예는 1950년 앨런 튜링^{Alan Turing}의 논문에 발표되었다. 앨런 튜링은 영국의 수학자 겸 암호학자로 2차 대전 당시 연합군이 독일의 암호인 '이니그마 암호'를 해독하는 데 기여했다. 그의 논문 〈계산 기계와 지능^{Computing Machinery and Intelligence}〉은 기계가 과연 생각이 있다고 말할 수 있느냐는 질문에 답할 수 있게 도와주는 검사법을 제안하고 있다.

생각이 무엇인지, 생각에 어떤 과정이 포함되는지 정의하기 어렵기 때문에 튜링은 이 문제를 공략할 다른 방법을 제안한다. 처음에는 모방 게임^{Imitation Game}이라고 알려졌던 그의 검사법은 기계가 사람으로 하여금 기계를 사람이라 믿게 만들 수 있는지 묻는다. 이 게임에서는 인간 심판이 한 방에 앉아 있고, 다른 두 방에 각각 기계(이 기계를 컴퓨터라고 하자.)와 사람이 있다. 심판은 문자 형태로 기계와 사람에게 메시지를 보낼 수 있고, 기계와 사람 모두 답장을 보낼 수 있다. 심판의 임무는 어느 쪽이 기계고 어느 쪽이 사람인지 판별하는 것이다. 심판이 기계와 사람을 못 가려내거나, 1/3의 시간을 기계에게 속으면 이 기계는 테스트를 통과한다. 튜링은 기계가 이 테스트를 통과하면 지능을 갖고 있다는 주장이 타당하다고 했다. 사람이 지능을 갖고 있다고 판단하는 중요한 기준이 바로 대화 능력 아니겠는가?

튜링 테스트가 매력적인 이유는 사람들이 생각에 수반되는 과정이라 믿는 것에 의문을 제기하기 때문이다. 사람들은 대부분 생각이란 사람의 머릿속에서 일어나는 무언가라고 말한다. 다른 사람은 영원히 들여다볼 수 없는 숨겨진 드라마라고 말이다. 하지만 튜링 테스트는 굳이 누군가의 내면세계에 들어가지 않아도 그 안에 정신이 살고 있는지 알아낼 수 있다고 주장하고 있다.

튜링 테스트가 던지는 질문은 특별히 주도면밀하거나 복잡할 필요가 없다. 일상적인 질문, 심지어 따분한 질문으로도 충분하다. 예를 들어 최근 영국 레딩 대학교에서 진행한 튜링 테스트는 기계에게 오늘 날씨가 어떤지, 좋아하는 과목이 무엇인지, 축구를 좋아하는지 등에 대한 질문이었다.

아직도 이 테스트 덕분에 얻은 해답보다는 새로 생긴 질문이 더 많다. 이 테스트를 통과했다고 해서 정말 지능이 있는 걸까? 그저 컴퓨터 프로그램이 사람 흉내를 내는 데 성공한 건 아닐까? 과연 이 테스트는 프로그램 안에서 순수하게 기계적인 기호 조작 이상의 무언가가 일어나고 있음을 증명하고 있을까? 프로그램 안에서 일어나는 모든 것이 그 모든 소란 뒤에 자리잡고 있는 정신적 존재 덕분이 아니라 그저 전자 교환에서 비롯된 데 불과하다고 주장한다면, 사람의 뇌에서 일어나는 일은 그와 다르다고 어찌 말할 수 있을까?

튜링 테스트는 오늘날까지도 그 매력을 잃지 않고 있다. 이 테스트는 해마다 시행되는데, 2014년에는 유진 구스트만Eugene Goostman이라는 러시아 채팅 로봇이 테스트를 통과했다. 심판진의 33%를 설득해 자신이 사람임을 인정받은 것이다. 하지만 어떤 사람들은 이의를 제기했다. 유진은 영어를 외국어로 배운 13세 우크라이나 소년을 흉내 내도록 설계되었기 때문이다.

전시와 평화기에 튜링이 이룬 업적이 대단한데도 영국은 그를 가혹하게 대했다. 당시 동성애는 범죄로 취급했는데, 튜링이 동성애자임을 안 정부는 1952년 그를 체포했다. 동성애자는 협박을 받을 수 있다고 생각해 튜링이 갖고 있던 비밀취급 인가도 취소했다. 그리고 감방에서 형량을 살지, 성욕을 없애는 에스트로겐 주사를 맞을지 선택을 강요했다. 튜링은 결국 주사를 선택했다. 정부가 그를 대한 가혹함 때문이었는지, 튜링은 1954년 자살로 생을 마감했다.

튜링 테스트는 순수하게 기계적인 방법만으로 계산을 수행할 수 있는 디지털 컴퓨터(70번 참조)의 가능성을 보여주었다. 디지털 컴퓨터는 오늘날의 노트북, 스마트폰의 선조다. 이런 것들은 더하기와 빼기, 곱하기뿐만 아니라 페이스북과 온갖 종류의 웹브라우저 같은 복잡한 프로그램도 돌릴 수 있다. 튜링, 그리고 그가 내놓은 개념들은 과학소설과 공학 전 영역에서 큰 반향을 불러일으키고 있는 인공지능 분야의 탄생에 도움을 주었다.

이미테이션 게임

앨런 튜링은 최근 새로운 방식으로 대중의 의식에 각인되었다. 2014년 튜링을 다룬 영화 〈이미테이션 게임〉이 나온 것이다. 베네딕트 컴버배치Benedict Cumberbatch가 앨런 튜링 역을 맡아 제2차 세계대전 동안에 독일의 이니그마 암호를 풀기까지 숨 가쁜 과정을 시간 순으로 풀어 보여준다. 최근 극비문서들이 기밀 해제된 덕분에 그가 사용했던 구체적인 기법들이 세상에 빛을 보게 되었다.

39

육분의

수학 개념 : 기하학

끝없이 펼쳐진 바다에서 배에 몸을 맡기고 항해할 때 자신의 위치를 어떻게 알 수 있을까? 문제를 더 어렵게 만들기 위해, 구글 지도를 비롯해 GPS나 전기에 의존하는 장비를 쓸 수 없다고 해보자. 도저히 풀 수 없는 문제처럼 보이지만, GPS 없이도 항해사들은 몇 세기 동안 배의 위치를 잘 파악하며 항해했다. 우리도 못 풀 문제가 아니라는 것은 알고 있다. 그렇다면 비밀은 무엇일까?

그 답은 각도와 기하학에 있다. 먼서 이런 종류의 항해가 가능한 요인이 무엇인지 검토해보자. 지구의를 본 적이 있으면 그 위를 십자로 가로지르는 선들을 보았을 것이다. 어떤 선들은 적도(지구의의 한 가운데를 두르는 선) 위아래로 수평으로 뻗어 있다. 이 선들을 위도선이라 한다. 나머지 선들은 수직으로 나 있다. 이 선들은 남북으로 뻗어 있고, 남극과 북극에서 만난다. 이런 선들을 경도선이라 한다. 경도를 알려면 시계가 필요하다. 그런데 우리가 지금 관심을 갖는 부분

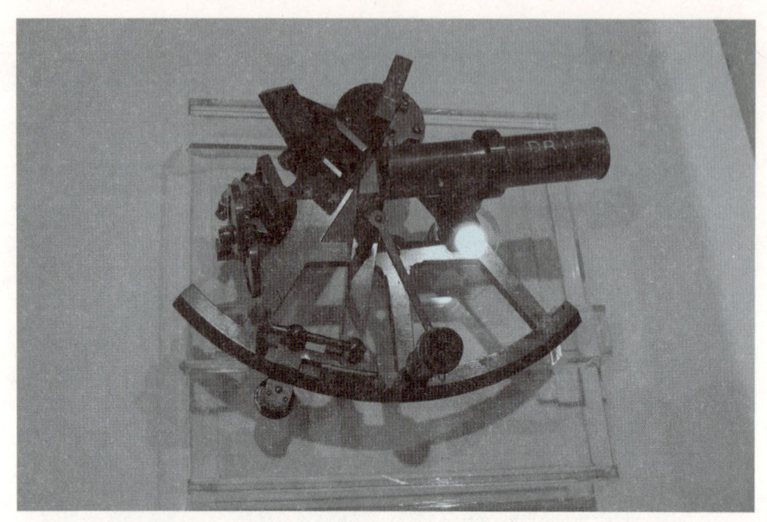

그림40 각도와 거리를 측정하는 데 쓰이는 육분의

은 위도를 파악하는 방법이다. 그것이 바로 수학을 이용해 풀 수 있는 항해의 실마리기 때문이다.

여기서 핵심열쇠는 현재의 위도에 따라 연중 특정한 어느 날 정오의 태양 위치가 달라진다는 것이다. 적도에 가까울수록 정오의 태양은 머리 위 수직에 가깝게 나타난다. 반면 북극이나 남극에 가까울수록 태양의 각도는 줄어든다. 바꿔 말하면 북쪽이나 남쪽으로 갈수록 정오의 태양 고도가 더 낮아진다. 이 원리를 반대로 적용할 수도 있다. 정오의 태양이 이루는 각도를 알아내면 자신의 위도를 역으로 추적할 수 있다.

이 각도를 알아내는 측정도구가 육분의sextant다. 손에 쥐고 사용하는 육분의는 마치 파이 모양의 금속 조각에 장식을 덧붙여놓은 것처럼 생겼다. 조준 망원경이 그런 장식품이다. 육분의를 사용하려면 이

118

망원경으로 달과 별 또는 태양(이 경우는 물론 필터를 이용해서) 같은 천체를 보아야 한다. 그럼 그 이미지가 두 개의 거울에 나타난다. 당신은 곡선의 파이 모양 조각 모서리를 따라 미끄러지는 금속 조각인 지표막대를 움직여 한쪽 거울에 나온 천체 이미지가 수평선에 닿게 만든다. 그 지점에서 파이 모양 조각의 눈금자를 보면 된다. 눈금자에는 각도 표시가 있는데, 지표막대가 어떤 각도를 가리키고 있을 것이다. 그 각도를 이용해 위도를 알 수 있다.

예를 들어 2015년 6월 21일 당신이 배를 타고 인도양 인도네시아 근처에 있는 호주령 크리스마스 섬 해안에 나와 있다고 하자. 육분의를 이용하면 태양의 고도가 수평선 위 66.6도임을 알 수 있다. 이 정보를 이용하면 위도가 남위 10.48도임을 알 수 있다. 당신은 삼각형과 그 안에 들어 있는 각도의 속성을 연구하는 수학인 삼각법 trigonometry을 이용해 자신의 위치를 알아낸 것이다.

기하학이 자신의 일상생활과 아무 관련 없다고 여긴다면 다시 한 번 생각해보라. 특히 전자장치 없이 배를 타고 바다 위에서 길을 잃었다면 말이다!

존 캠벨 John Campbell

최초의 진정한 육분의는 1757년 존 캠벨이 발명했다. 시간을 알아내는 기능 등, 이 장치가 가진 잠재력을 처음 최대로 활용한 때는 쿡 선장이 뉴질랜드 지도를 만들기 위해 출발한 1768년이었다.

40

공평하게 집세 나누기

수학 개념 : 조합론

룸메이트와 함께 살아본 적이 있으면 집세를 세 명이나 그 이상이 어떻게 나눠 낼지 결정하는 문제로 골머리 앓은 경험이 있을 것이다. 누가 얼마를 내야 공평한지 결정하는 문제는 겉보기와 달리 간단하지 않다. 사용하는 방이 각자 다른 경우가 많기 때문이다. 어떤 방은 조명이 더 밝고, 어떤 방은 공간이 더 넓을 수 있다. 그리고 사람마다 각각의 중요성을 다르게 평가할 수 있다. 방과 집세를 어떻게 분배해야 다른 룸메이트를 부러워하지 않고 모두가 자기 몫에 만족할까?

이런 문제는 '공평한 분할' 범주에 속한다. 수학과 경제학, 법률, 정치 등을 비롯한 여러 영역에 속하는 공평한 분할은 참가자들이 공평한 양을 받을 수 있도록 재화를 공평하게 나누는 문제를 다룬다. 이 분할은 또한 각 참가자가 자기 몫을 다른 사람 몫과 바꾸고 싶은 마음이 들지 않게 해야 한다. 공평한 분할의 사례는 이혼, 경매, 심지어 전쟁에도 등장한다.

1999년 하비머드 칼리지의 수학 교수 프랜시스 수Francis Su는 한 논문을 발표했다. 슈페르너의 보조 정리Sperner's lemma를 이용해 공평한 분할 문제를 해결하는 방법을 설명한 논문이다. 슈페르너의 정리는 조합론(26번 참조)으로 알려진 수학 분야를 다루고 있다.

원래 이 보조 정리는 삼각형에 대한 주장을 펼쳤다. 삼각형을 하나 가져다 내부를 분할해 더 작은 삼각형들을 만들어보자. 원하는 만큼 많은 삼각형을 만들 수 있다. 다만 삼각형 사이에 공간이 남는 일 없이 서로 꼭 들어맞아야 한다. 다음에는 큰 삼각형의 각 꼭짓점에 1, 2, 3 번호를 붙여 각 꼭짓점이 다른 번호를 갖게 한다. 이 시점에서 살펴보면 작은 삼각형의 꼭짓점이 큰 삼각형의 변 중 적어도 하나와 닿아 있음을 알 수 있다. 바로 그 각각의 지점에 번호를 적는다. 1번과 2번 꼭짓점 사이의 변과 만나는 점에는 1이나 2를 적는다. 어느 점에 어떤 번호를 배정할지는 당신 몫이다. 2번과 3번 꼭짓점 사이의 변과 만나는 점에는 2나 3을 적는다. 마찬가지로 3번과 1번 꼭짓점 사이

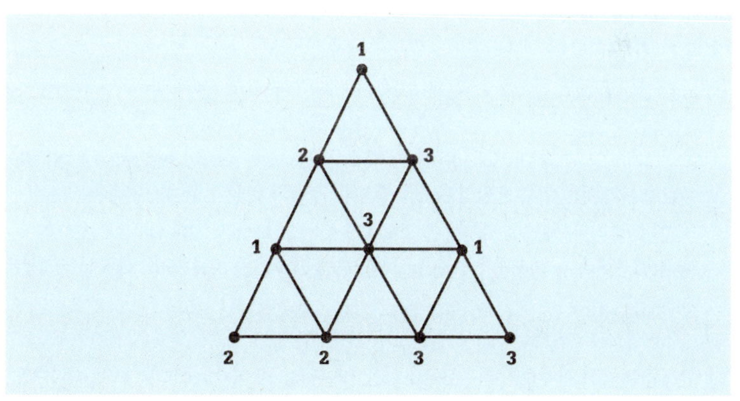

의 변과 만나는 점에는 3이나 1을 적는다. 큰 삼각형 안에 있는 점에는 1, 2, 3을 당신이 선택한 방식대로 적는다. 슈페르너의 보조 정리에 따르면, 꼭짓점에 1, 2, 3이 모두 붙은 작은 삼각형이 적어도 하나는 반드시 존재한다. 하나 이상이 있을 수도 있으나 그 수는 항상 홀수다. 짝수는 나올 수 없다.

슈페르너의 보조 정리를 집세 문제에 적용할 때는 숫자를 각 세입자의 이름으로 바꾼다. 크고 작은 각 삼각형은 서로 다른 집세 할당을 나타낸다. 이 보조 정리에 따르면, 어느 누구도 다른 사람의 방이나 집세를 부러워하지 않고 각 세입자가 만족하는 집세 할당 방법이 분명 존재한다. 바꿔 말하면, 큰 삼각형 안에는 1, 2, 3이 붙은 꼭짓점을 갖는 작은 삼각형이 있기 때문에 방과 집세를 할당하는 모두가 만족하는 방법도 분명 존재한다.

슈페르너의 보조 정리는 추상적이어서 일상생활과 관련 없어 보이지만, 실제로 일상의 문제를 효율적으로 해결하는 데 도움이 되는 수학적 발견의 좋은 사례다.

제2차 세계대전 후의 공평한 분할

제2차 세계대전 이후 공평한 분할의 특별한 사례가 있었다. 연합군은 독일의 수도인 베를린을 어떻게 처리할지 결정해야 했는데, 베를린 시를 네 구역으로 분할하기로 결정을 보았다. 결국 미국, 영국, 프랑스가 통치하는 연합군의 세 구역이 서베를린이 되고, 소련이 통치하는 구역은 동베를린이 되었다.

케이크 자르는 이상적인 방법

수학 개념 : 분할

누군가의 생일파티에 참석하게 되면 케이크를 자르는 간단한 행동도 어마어마하게 많은 수학적 사고를 낳는다는 사실을 생각해야 한다. 어떻게 하면 저마다 자신의 몫에 만족하고 다른 사람의 것을 탐내지 않게 케이크를 자를 수 있을까? 모든 사람이 똑같은 종류의 케이크를 좋아하는 것이 아니라는 사실을 깨달으면 목표는 더 복잡해진다. 어떤 사람은 크림이 많이 들어간 케이크를 좋아하고, 어떤 사람은 크림이 덜 들어간 케이크를 좋아한다. 어떤 사람은 꽃장식이 들어 있는 케이크를, 또 어떤 사람은 글자가 들어간 케이크를 원한다. 수학자들이 해답을 알아내려 시도했던 질문은 과연 사람들이 케이크 조각을 받아들고 모두 만족할 수 있는 케이크 분할 방법이 있느냐는 것이었다. 두 사람 사이에 케이크를 자르는 이상적인 방법은 다음 세 가지 기준을 충족해야 한다.

1. 케이크 조각을 받은 사람이 다른 사람의 것을 갖고 싶다면 안 된다. 이런 것을 '부러움을 유발하지 않는' 분할이라 한다.

2. 다른 누군가를 불만스럽게 만들지 않고는 지금의 분할 조각에서 느끼는 만족보다 더 큰 만족을 주기가 불가능하다. 이런 조건을 '효율'이라고 한다.

3. 분할은 공평해야 한다. 즉, 각각의 사람들이 모든 조각이 똑같은 가치를 갖고 있다고 믿을 수 있어야 한다(세 사람이 케이크를 분할하고 있고 각자가 케이크 꽃장식을 좋아한다면, 각 케이크 조각에 꽃장식이 들어 있어야 모두 공평한 분할이라 여길 것이다).

2014년 유니온 대학교 줄리어스 바바넬Julius Barbanel과 뉴욕 대학교 스티븐 브람스Steven Brams가 수학 분야 국제학술지 《매스매티컬 인텔리전서》에 한 알고리즘을 발표했다. 그들은 위의 기준을 충족하는 분할을 만들어내 케이크를 완벽하게 할당할 수 있다고 주장했다. 하지만 케이크를 나누는 사람이 두 명밖에 없다고 가정하고, 케이크가 '비균질'하다는 사실을 고려했다. '비균질'이란 두 사람이 케이크에 대해 매기는 가치가 서로 다른 부분으로 이루어졌다는 것이다. 예를 들어, 한 사람은 크림을 많이 바른 케이크 바깥쪽을 좋아하고, 다른 사람은 크림보다 케이크 빵 자체를 좋아할 수도 있다. 게다가 그 방법은 심판 역할을 하는 제3자에게 의존했다. 마지막으로, 그 알고리즘에서는 확률밀도함수probability density function를 언급하고 있다. 확률밀도함수란 케이크의 다른 부분에 대한 한 사람의 선호도를 표현하는 수학적 방식이다.

알고리즘 첫 단계에서 각각의 사람들은 자신의 확률밀도함수를 심판에게 제출한다. 심판은 컴퓨터, 누나, 길에서 만난 낯선 사람, 부모 등 여러 형태로 등장할 수 있다. 심판은 케이크에서 확률밀도함수가 교차하는 곳, 즉 각자의 선호도가 겹치는 곳을 모두 표시한다. 심판은 선호도를 바탕으로 몫을 배정한다. 이 시점에서 각각의 사람들이 같은 크기의 케이크 조각을 받으면 알고리즘은 중단되고 모두 케이크를 먹는다. A는 초콜릿 케이크를 좋아하고, B는 바닐라 케이크를 좋아한다고 하자. 케이크가 두 가지 맛을 경계로 정확히 똑같은 크기로 나뉜다면 심판은 그 경계를 기준으로 케이크를 잘라 각각 좋아하는 부분을 나눠주면 된다. 케이크가 똑같은 크기로 나뉘지 않는다면, 더 큰 조각을 받은 사람이 일부를 다른 사람에게 주되 자신의 선호도가 가장 낮은 부분부터 시작한다. 두 사람의 몫이 같아질 때까지 이

 누구나 만족할 만한 케이크 나누기는 어떤 것일까?

과정은 계속 진행된다.

두 사람이 케이크를 공평하게 분할하게 도와주는 브람스-바바넬 방법 말고도 무수히 많은 사람이 케이크를 무수히 많은 조각으로 분할하게 도와주는 좀 더 일반적인 방법도 있다. 브람스와 수학자 앨런 테일러Alan Taylor가 발견한 방법으로 〈아메리칸 매스매티컬 먼슬리〉 1995년 1월호에 발표되었다. 이 일반적인 방법은 복잡하기는 하지만 요점만 말하면 이렇다. A가 케이크를 자른 후, 불공평하게 잘랐다는 생각이 들면 B가 그 조각들을 다듬어 공평하게 만든다. 그다음에는 C가 조각을 다듬고, 그다음에는 D로 이어진다. 이 방법으로 분할하면 남는 케이크 조각이 생긴다. 만약 자기가 속았다는 기분이 드는 사람이 있으면 언제든 남은 조각을 선택할 수 있다. 이 조각들은 적어도 그들이 원했던 조각 정도의 크기는 되기 때문이다.

공평한 분할 해법에서는 가산적 효용additive utility을 가정하고 있다. 약간의 크림을 좋아하는 사람은 많은 양의 크림도 좋아한다고 가정한다는 것이다. 많을수록 좋다는 얘기다. 반대로 내가 크림을 먹어서 얻는 즐거움이 가산적이지 않을 때, 즉 비가산적 효용일 때는 달달한 음식을 어느 정도 먹고 나면 단것을 먹어도 더는 큰 만족을 얻을 수 없다. 연구자들은 비가산적 효용을 동반하는 상황에서는 공평한 분할 해법이 무용지물이 되고 만다는 것을 입증했다.

효율적인 소포 배달

수학 개념 : 순회 세일즈맨의 문제

우체국에서 소포를 배달할 때 그 소포가 당신 집 문 앞에 오는 것과 수학은 아무 상관이 없다고 여길 것이다. 그런데 사실 우편배달부의 소포 배달에서 수학은 아주 중요한 역할을 맡고 있다.

우편배달의 핵심은 우편배달 트럭운전사가 취할 수 있는 최단 경로를 결정하는 과정이다. 미국 우체국의 경우 밴 차량에서 오토바이, 대체연료 차량에 이르기까지 약 9만 6,000대의 우편배달 교통편을 운영하고 있고, 각각의 운전사는 일평균 150곳을 방문한다. 한 운전사가 배달에 필요한 거리보다 1, 2km씩만 더 움직여도 우체국 입장에서는 일 년에 수백만 달러의 추가비용이 발생한다. 배달 경로를 최대한 짧고 효율적으로 만드는 데 따르는 보상은 막대하다.

가능한 최선의 경로를 찾는 문제는 수학자들에게 잘 알려져 있다. 수학자들은 이것을 순회 세일즈맨의 문제^{Traveling Salesman problem}라고 부른다. 방문 세일즈 활동이 지금보다 활발했던 시절에 지어진 이름이다. 하루에 특정 숫자의 가정을 방문해야 하는 세일즈맨은 최단시간에 방문할 수 있는 경로를 알아야 했다. 순회 세일즈맨의 문제는 풀기가 어렵다. 고려에 포함해야 할 요소가 충격적으로 많기 때문이다. 예를 들어 운전사가 하루에 25곳을 방문하기로 되어 있다면 선택 가능한 경로 수는 15의 1조 배의 1조 배나 된다. 하지만 컴퓨터와 알고리즘을 이용하면 우체국은 가능한 경로 수를 짧은 시간에 줄일 수 있다.

2000년대에 오리온(ORION : 도로 위 통합 최적화 내비게이션)이라는 컴퓨터 프로그램이 만들어지면서 우체국은 이 알고리즘을 완벽하게 만들려는 노력에 박차를 가했다. 오리온의 계산 덕분에 미국 우편집배원들은 일 년에 수백만 킬로미터의 운전 거리를 줄일 수 있었다. 당신도 일상생활에서 이런 것을 실천할 수 있다. 돌아다니며 해결해야할 잡일이 많을 때 갔던 길을 되돌아오거나 러시아워에 막히는 곳으로 들어가는 등의 시간과 에너지 낭비를 최소화하면서 각각의 장소에 들러 일을 보는 가장 효율적인 경로를 머릿속으로 계산해보자.

영화 〈트래블링 세일즈맨〉

순회 세일즈맨의 문제는 영화계에도 진출했다. 2012년 〈트래블링 세일즈맨〉이라는 똑떨어지는 제목의 영화가 나왔다. 이 영화는 P=NP 문제(75번 참조)의 해를 미군에게 넘길 것인지 결정해야 하는 네 명의 수학자를 다루고 있다. 이들은 연구 결과를 발표하는 것이 어떤 도덕적 의미를 갖는지 잘 알고 있었다. 일단 군에서 이 해를 확보하면, 전 세계 어떤 암호도 풀어 전례 없이 막강한 힘을 얻을 터이기 때문이다.

43

더하기보다 곱하기가 먼저

수학 개념 : 알고리즘

알고리즘은 본질적으로 어떻게 하면 유한한 단계를 거쳐 분명한 목표에 도달할 수 있는지 알려주는 지시의 집합이다. 이론적으로 알고리즘은 수학과 컴퓨터 영역에만 국한되지 않는다. 새집을 지으려면 일련의 특정한 지시를 따라야 한다. 도자기 물레에서 도자기를 만들 때도, 자동차 타이어를 교체할 때도, 토스트를 구울 때도 마찬가지로 정해진 지시를 따라야 한다. 이런 지시의 집합이 알고리즘이다.

알고리즘은 당신의 생각만큼 낯선 존재가 아니다. 초능학교에서 숫자를 나누고, 분수를 더하는 과정을 배울 때 당신은 사실 알고리즘을 배우고 있었던 것이다. 사칙연산 순서를 배울 때 역시 알고리즘을 배우고 있었다. 계산을 할 때 괄호 안의 식을 먼저 하고, 다음에 곱하기, 나누기를 하고, 더하기와 빼기는 나중에 한다는 것이 그렇다. 심지어 식사를 마치고 팁을 계산할 때나, 편지봉투에 숫자를 적을 때도 당신은 알고리즘을 이용하는 것이다.

알고리즘은 당신이 매일 사용하는 인터넷과 특히 관련이 많다. 인터넷 활동이 활발한 사람은 알고리즘과 지속적으로 상호작용하고 있는 것이다. 예를 들어 넷플릭스^{Netflix}(인터넷으로 영화와 드라마를 볼 수 있는 미국의 회원제 주문형비디오 웹사이트)에서 추천한 영화를 구매해 볼 때마다 당신은 알고리즘의 계산 능력을 이용하는 것이다.

당신이 구글로 검색하고, 판도라^{Pandora}에서 어떤 노래에는 '좋아요'를, 어떤 노래에는 '싫어요'를 눌러 자신의 음악 취향을 설정하고, 아마존^{Amazon}에서 쇼핑할 때마다 알고리즘은 당신이 무엇을 좋아하고, 무엇을 싫어하는지에 관한 느낌을 소통함으로써 당신의 온라인 경험을 더욱 풍부하게 만들어준다. 이런 정보가 있으면 웹사이트와 프로그램은 당신의 선호도를 기반으로 구체적인 선택사양을 제공할 수 있다.

넷플릭스 상

2006년 넷플릭스 사는 자사의 추천 알고리즘을 10% 향상시키는 대회를 주최했다. 2009년에는 벨코스 프래그매틱 카오스라는 팀에 최우수상과 함께 100만 달러의 상금을 수여했다. 이들이 우승할 수 있었던 핵심은 다양한 자료를 바탕으로 사람들이 좋아할 만한 영화를 예측한 다음, 나중에 시청자들이 실제로 영화에 매긴 평점과 예측 내용을 비교해본 것이다. 넷플릭스 사에게는 추천이 중요하다. 정확한 추천이야말로 넷플릭스 핵심 정체성의 일부라고 주장한다.

44

몬티 홀 문제

수학 개념 : 확률

생일 역설birthday paradox(78번 참조)처럼 기이하고 직관에 어긋나는 수학적 사고방식도 존재하지만, 하도 기이해서 전문 수학자조차 믿기 어려운 역설들도 존재한다. 몬티 홀 문제Monty Hall Problem가 그렇다. 이 명칭은 〈협상합시다Let's Make a Deal〉라는 게임쇼 진행자 이름을 따서 지어졌다. 이 해는 너무 놀라워 완전한 설명을 듣고 난 뒤에도 사람들이 대부분 어딘가 잘못된 것이 분명하다고 생각할 정도다. 어찌 보면 수학의 양자역학에 해당한다고 할 수 있겠다. 이것은 너무 이상해 믿기 어렵지만, 그런데도 옳다.

쇼가 시작되면 진행자는 참가자에게 세 개의 문을 제시한다. 한쪽 문 뒤에는 새 차가 기다리고 있다. 나머지 두 문 뒤쪽에는 염소, 또는 차처럼 갖고 싶은 물건이 아닌 다른 무엇이 있다. 진행자는 참가자에게 어느 문 뒤에 차가 있는지 고르라고 한다. 참가자가 한 문을 선택하면, 진행자는 그 문이 아닌 다른 문을 열어 염소를 보여준다. 그리

고 참가자에게 선택을 바꿀 기회를 준다. 여기서 질문은 참가자가 원래의 선택을 그대로 유지해야 하느냐, 아니면 다른 문으로 갈아타야 하느냐는 것이다.

그 답은 참가자가 항상 다른 문으로 갈아타야 한다는 것이다. 게임을 시작할 때 차가 숨어 있는 문을 선택할 확률은 1/3이었다. 하지만 이 시점에서 갈아타면 확률이 두 배인 2/3로 변한다. 어떻게 그럴 수 있을까? 사람들은 대부분 문을 갈아타는 것이 아무 의미가 없다고 생각한다. 진행자가 한쪽 문을 열어 염소 두 마리 중 한 마리를 보여주고 나면, 차를 뽑을 확률은 이제 1/2이다. 남은 두 문 중 한쪽에 차가 있고, 다른 쪽에 염소가 있을 테니 말이다.

하지만 이 확신은 틀렸다. 종이를 꺼내 확률을 적어보면 그 이유를 알 수 있다. 이 문제에서 핵심은 진행자가 언제나 염소가 있는 문을 연다는 것이다. 차가 있는 문은 절대로 열지 않는다. 그러면 게임을 망치기 때문이다! 이제 직관에 의존하지 말고 가능한 순열을 생각해보자.

- 선택 1 : 참가자가 염소가 있는 1번 문을 고른다. 진행자는 염소가 있는 2번 문을 연다. 참가자가 원래의 선택을 고수하면 염소를 얻고, 다른 문으로 갈아타면 차를 얻는다.
- 선택 2 : 참가자가 염소가 있는 2번 문을 고른다. 진행자는 염소가 있는 1번 문을 연다. 참가자가 원래의 선택을 고수하면 염소를 얻고, 다른 문으로 갈아타면 차를 얻는다.
- 선택 3 : 참가자가 차가 있는 문을 고른다. 진행자는 염소가 있는 1번 문이나 2번 문을 연다. 참가자가 원래의 선택을 고수하면 차를 얻고, 다른 문으로 갈아타면 염소를 얻는다.

이 세 가지 선택에서 문을 갈아타는 것이 자동차를 얻을 확률이 2/3가 나옴을 알 수 있다. 이 결과는 직관과 완전히 어긋나지만 완벽한 참이다. 이것이 바로 수학의 힘이다.

버트란드의 상자 역설 Bertrand's Box Paradox

위와 비슷한 문제로 버트란드의 상자 역설이 있다. 1889년 한 책에서 이 문제를 발표한 조셉 버트란드의 이름에서 따온 명칭이다. 세 개의 상자가 있다고 하자. 한 상자에는 금화 두 개, 한 상자에는 은화 두 개, 나머지 한 상자에는 금화 하나와 은화 하나가 들어 있다. 무작위로 상자를 하나 골라 무작위로 동전 하나를 꺼내보자. 이렇게 꺼낸 동전이 금화라면 그 상자에 남은 동전 역시 금화일 확률이 얼마일까? 1/2이라고 생각할지 모르지만, 사실은 2/3다.

45

저글링의 수학

수학 개념 : 조합론

'저글링' 하면 서커스나 묘기가 떠오르지, 패턴과 퍼즐에 흥미를 느끼는 사람들이 강박적으로 매달리는 수학적 사고방식의 주제가 되리라고는 생각하지 못했을 것이다. 수학처럼 저글링은 자기만의 표기법을 갖추고 있다.

사이트스왑siteswap이라 불리는 이 표기법은 1980년대에 캘리포니아 공과대학교, 케임브리지 대학교, 캘리포니아 대학교 산타크루즈 캠퍼스의 저글링 동호인들이 독립적으로 발명했다. 사이트스왑은 각각의 공 던지기에 번호를 부여한다. 홀수는 한 손에서 다른 손으로 저글링되는 공 같은 물체를 말하고, 짝수는 같은 손에 머무는 물체를 말한다. 숫자의 크기도 중요하다. 숫자가 클수록 물체는 공중으로 높이 던져진다. 예를 들어 3으로 표기하는 공 던지기는 공이 얼굴 높이까지 올라왔다가 반대쪽 손으로 건너간다. 2로 표기한 공 던지기는 그냥 공중으로 몇 센티미터 올라왔다가 같은 손에 떨어진다.

그림44 사이트스왑 표기법은 저글링 마니아들이 이용한다.

저글링 마니아들은 사이트스왑 표기법을 이용해 자신의 공 던지기 루틴을 공유할 수 있고, 다른 사람이 적은 사이트스왑을 이용해 새로운 패턴을 시도할 수도 있다. 또 루틴의 사이트스왑 표기를 보면 그 루틴에 공이 몇 개 필요한지 드러난다는 것도 알게 되었다. 필요한 공의 수는 표기법에 들어 있는 모든 수의 평균값과 같다. 따라서 5 5 5 1 루틴의 경우 공이 4개 필요하다.

저글링은 정보이론information theory의 아버지로 여겨지는 클로드 섀넌Claude Shannon의 취미활동이기도 했다. 사실 섀넌은 $(F+D) \times H = (V+D) \times N$이라는 저글링 공식을 만들었다(F는 공이 공중에 머무는 시간, D는 공이 손 안에 머무는 시간, H는 손의 개수, V는 손이 비어 있는 시간, N은 저글링하는 공의 수를 나타낸다). 섀넌은 또한 어린이용 조립완구인 이렉터 세트의 부품을 이용해 팽팽한 막 위로 작은 강철구슬을 튕기는 저글링 기계를 제작하기도 했다.

저글링 세계 기록

기네스북에 따르면 가장 많은 공으로 저글링을 한 세계 기록은 영국의 알렉스 배런Alex Barron이 갖고 있다. 2012년 4월 3일 18세였던 그는 공 11개로 저글링을 시작해 23번 연속 받아냈다.

46

내시 균형

수학 개념 : 게임이론

수학은 숫자의 성질만 다루는 학문이 아니다. 사람의 행동, 특히 사람들이 어떻게 상호작용하는지 포착하려고 애쓰는 수학 분야도 있다. 게임이론game theory이 바로 그런 분야다.

게임이론을 개척한 사람은 프린스턴 대학교의 수학자 존 내시John Forbes Nash Jr.다. 그는 소설 《아름다운 정신A Beautiful Mind》의 주인공이기도 하다. 이 소설은 2001년 러셀 크로가 주연을 맡은 영화 〈뷰티플 마인드〉로도 만들어졌다. 게임이론가들이 연구하는 게임은 체스나 체커 게임만이 아니다. 여기에는 한 사람이 내리는 결정이 다른 사람이 내리는 결정에 좌우되는 다양한 종류의 인간적 상호작용이 포함된다. 사업적인 결정, 전쟁, 온갖 경제적 상호작용이 여기에 해당한다. 따라서 게임이론은 기본적 사실이나 규칙만 다루는 것이 아니라 참가자의 정신 상태는 물론 그런 상태에 대해 각각의 참가자들이 믿는 내용까지 함께 다룬다.

그림45 존 내시의 삶을 다룬 영화 〈뷰티풀 마인드〉

게임이론의 핵심 요소에는 내시 자신의 이름이 들어가 있다. 내시 균형Nash equilibrium이라 불리는 이 용어는 각각의 참가자가 게임에 참가하는 모든 사람의 전략을 알고 있다 하더라도 자신의 전략을 바꾸지 않기로 결정하는 게임을 기술하는 용어다. 바꿔 말하면, 전략을 바꾸어 이득 볼 사람이 아무도 없는 상태에 있는 게임을 내시 균형 상태에 있다고 말한다.

내시 균형의 유명한 예를 당신도 알고 있는지 모르겠다. 바로 죄수의 딜레마prisoner's dilemma다. 죄를 지은 두 사람이 용의자로 구속되어 1년형을 받게 된다는 얘기를 들었다. 하지만 검사는 두 용의자가 사실은 공범일 것이라 의심하고 각각 협상을 제안한다. 두 용의자는 서로 소통할 수 없으며, 다른 용의자가 어떤 결정을 내리는지 서로 알 수 없다고 가정하자. 만약 용의자 A가 용의자 B와 공범임을 자백하고 용의자 B는 자백하지 않으면, A는 형을 받지 않고 풀려나고 B는 10년형을 받는다. 그 반대도 마찬가지다. 용의자 B가 A와 공범임을 자백하고 A는 자백하지 않으면, B는 그대로 풀려나고 A는 10년형을 받는다. 만약 둘이 동시에 자백하면 3년형씩 받게 된다.

그림을 전체적으로 살펴보면 최선의 결정은 두 용의자 모두 자백하지 않고 버티는 것이다. 둘 다 가장 짧은 형기를 선고 받을 수 있기 때문이다. 하지만 두 용의자가 각자 자신에게 최선의 결정이 무엇인지 머리를 굴리다보면 상대방이 어떤 결정을 내릴지 모르기 때문에 둘 다 자백하기로 결정하고 결국 3년형을 받게 될 것이다. 혼자만 자백하지 않고 버티다가 10년형을 받을 수 있기 때문이다. 이 경우 두 용의자 모두 자백하는 것이 내시 균형에 해당한다. 내시 균형이 언제나 서로에게 최선의 결과는 아님을 알 수 있다.

게임이론

게임이론은 우리 삶의 구석구석에 적용된다. 심지어 게임이론과 관련 없어 보이는 일에도 적용된다. 한 가지 사례가 최근에 있었던 사우스웨스트 항공사의 결정이다. 이 항공사는 돈을 따로 지불하는 사람을 더 일찍 탑승시켜 짐칸에 가방을 넣을 여유 공간이 있는 확률을 높여주기로 했다. 이 비행 편을 이용하는 사람들에게 똑같은 선택사항이 주어졌기 때문에 추가비용을 지불할 가치가 있는지 결정할 때 각각의 승객은 나머지 다른 승객들이 어떤 선택을 할지 고려해야 한다. 결과적으로 지금 당장 그 비용을 지불하는 것이 더 나은 선택으로 밝혀졌다.

47

찌르레기 떼의 수학

수학 개념 : 탈척도 상관관계

유튜브^{YouTube}에서 거대한 찌르레기 떼의 동영상을 본 적이 있는지 모르겠다. 운이 좋아 직접 목격한 사람도 있을 것이다. 어떤 경우든 무리에 속한 찌르레기들이 서로 부딪히지 않고 완벽한 조화를 이루며 나는 모습에 깊은 인상을 받았을 것이다(오른쪽으로 방향을 틀었다고 옆 찌르레기와 충돌하는 것을 본 적이 없다). 무리 가장자리에 있는 몇몇 찌르레기의 갑작스러운 움직임이 거의 즉각적으로 무리에 전달되어 덩어리 전체가 하나의 유기체처럼 행동하는 모습은 경이롭기까지 하다.

이런 행동은 탈척도 상관관계^{scale-free correlation}라고 알려진 패턴을 따른다. 개체들로 이루어진 집단이 이런 방식으로 조직되면 집단의 크기에 상관없이 어느 한 개체의 움직임이 모든 구성원에게 영향을 미친다. 한 집단 안에서 한 찌르레기의 속도와 방향은 가장 가까운 이웃 찌르레기 일곱 마리의 속도와 방향에만 직접 영향을 미친다. 하지

만 그 정보는 신속하게 무리 전체로 퍼져나간다. 이들의 행동은 금속이 자화磁化되는 방식이나, 눈사태가 일어나기 전 눈 결정의 작용방식과 유사한 통계 패턴을 고수한다.

한 과학 연구진이 최근 122마리에서 4,268마리에 이르는 무리에 속한 찌르레기들의 위치와 속도를 3차원 공간에 재구성하는 컴퓨터 모델을 만들어 찌르레기 무리가 탈척도 상관관계를 실천에 옮긴다는 것을 알아냈다. 그리고 찌르레기들은 무리를 통솔하는 지도자 없이도 이런 조정 과제를 달성하는 것으로 파악했다. 대신 '옆 찌르레기 속도에 맞춰라.', '어느 찌르레기와도 충돌하지 마라.' 같은 간단한 규칙들을 따르는 듯했다. 그렇지만 이렇게 분석을 하는데도 찌르레기나 그와 비슷한 집단행동을 보이는 동물들이 대체 어떻게 그렇게 빨리 정보를 전송하는지 아직까지 밝혀내지 못했다.

멸치

다른 동물들도 찌르레기와 비슷한 종류의 행동을 보인다. 멸치는 거대한 무리를 지어 물속을 헤엄치는데, 이들 역시 찌르레기처럼 방향을 바꾸고 회전도 한다. 멸치 떼가 정말 거대한 군집을 이룰 때가 있었다. 2014년 미국 샌디에이고 근처 해안에 나타났던 한 무리는 그 수가 1억 마리나 됐을 것으로 추산했다.

48

순서대로 다시 쌓기

수학 개념 : 조합론

수학은 당신의 아침식사와도 관련 있다. 당신이 자주 들르는 식당에서 팬케이크 세 장을 주문했는데 종업원이 가져온 것을 보니 크기가 제각각인데다 순서도 엉망이었다고 해보자. 가장 큰 팬케이크가 맨 위에, 가장 작은 것은 중앙, 중간 크기는 바닥에 깔려 있다. 이 팬케이크를 가장 작은 것은 맨 위, 중간 크기는 중앙, 가장 큰 것은 바닥에 오게 다시 쌓으려 한다. 이때 다음과 같은 규칙을 따라야 한다. 주걱을 들어 팬케이크 더미 중간에 찔러넣으면 주걱 위에 있는 팬케이크를 모두 뒤집어서 맨 위에 있던 것은 바닥으로, 바닥에 있던 것은 맨 위로 가게 해야 한다. 이런 절차에 따라 팬케이크 더미를 순서대로 쌓으려면 모두 몇 번이나 뒤집어야 할까?

위에 엉망으로 나온 세 장의 팬케이크를 순서대로 다시 쌓으려면 두 번 뒤집어야 한다. 먼저 주걱을 맨 밑바닥에 찔러넣어 팬케이크 더미 전체를 뒤집는다. 그럼 가장 큰 팬케이크가 바닥에 오고, 가장 작은 것은 중앙, 중간 크기는 맨 위에 온다. 여기서 다시 주걱을 작은 팬케이크 아래 찔러넣어 두 번째로 뒤집는다. 그럼 작은 크기와 중간 크기의 순서가 바뀌어 팬케이크 더미가 크기순으로 쌓이게 된다!

수학자들은 보편적인 사례에 적용되는 규칙을 알고 싶어한다. 이 경우에는 어떤 수의 팬케이크가 어떤 순서로 쌓여 있더라도 모두 순서대로 다시 쌓을 수 있는 규칙을 찾고 싶을 것이다. n장의 팬케이크 더미를 순서대로 다시 쌓으려 할 때 필요한 뒤집기 횟수의 최댓값은 몇 번이나 될까? 수학자들은 이 값을 팬케이크 숫자를 의미하는 Pn 이라 부른다. 세 장의 팬케이크 더미에서는 Pn이 3이다. 이 값은 가장 어려운 배열, 즉 가장 작은 것이 맨 위에, 가장 큰 것이 중앙에, 중간 크기가 바닥에 있는 배열에서 필요한 뒤집기 횟수를 의미한다. 수학자들은 최솟값보다는 최댓값을 찾아내려 할 때가 많다. 가장 바깥 경계를 발견하고 싶기 때문이다.

알고 보니 이것은 굉장히 어려운 문제였다. 수학자들은 19장의 팬케이크 더미에서의 Pn 값은 알아냈다. 그 값은 22다. 그런데 19장이 넘어갔을 때의 값은 알아내지 못했다. 사실 n장의 팬케이크 더미를 순서대로 다시 쌓는 데 필요한 뒤집기 횟수 최댓값을 구하는 일반 공식은 지금까지 구하지 못했다.

49

확률과 재판

수학 개념 : 검사의 오류

논리적 오류는 추론 과정에서 발생하는 잘못이라 올바른 사실에서 출발해도 잘못된 결론으로 끝난다. 가끔 논리적 오류는 수학의 전통적인 주제인 확률과 관련된다. 일부 경우, 확률과 관련된 논리적 오류는 범죄로 고소당한 사람의 유죄 여부를 판단할 때 도움이 된다.

그런 오류 중 하나가 검사의 오류prosecutor's fallacy다. 어떤 사람이 논쟁에서 이런 오류를 이용하면(여기서 말하는 '논쟁'은 자신의 주장을 확립하려 사용하는 일련의 조리 있는 진술을 의미한다.), 그 사람은 어떤 사건이 일어날 확률을 밝히려는 것이다. 하지만 확률을 밝히는 과정에서 그 사람은 그 사건과 관계없이 발생한 다른 사건들과 비교하는 오류를 범한다.

예를 하나 들어보면 검사의 오류가 내부적으로 어떻게 일어나는지 좀 더 분명해질 것이다. 이런 오류의 유명한 사례가 1998년 샐리 클락Sally Clark의 재판에서 일어났다. 이 영국 여성의 두 아이는 모두 생후

몇 주 만에 사망했다. 변호인 측은 두 아이의 사망 모두 영아돌연사 증후군 때문에 일어났다고 주장한 반면, 검사 측은 클락이 두 아이를 살해했다고 주장했다. 검사는 한 가정에서 영아돌연사 증후군으로 인한 사망이 잇달아 일어날 확률을 근거로 주장을 펼쳤다. 영아돌연사 증후군으로 인한 사망은 드물기 때문에 이런 일이 거듭 일어나기란 더더욱 드물다. 전문가 증인이었던 소아과의사 로이 메도즈 경은 한 가정에서 두 건의 영아돌연사 증후군이 일어날 확률은 7,300만 분의 1이라고 주장했다. 하지만 그는 두 가지 실수를 저질렀다.

1. 첫 번째 실수는 두 아이 사망 사건에 유전적이든 환경적이든 어떤 상관관계가 있을 수 있다는 점을 고려하지 않았다. 대신 그는 각각의 사망 사건이 완전히 독립적이라 가정한 상태에서 계산했다. 이것은 검사의 실수에 해당하지 않는다.

2. 검사의 오류는 메도즈 경이 한 가정에서 두 건의 영아돌연사 증후군으로 인한 사망 사건이 일어날 확률을 영아돌연사 증후군으로 인한 사망이 아예 없는 사례들과 비교해 계산했을 때 일어났다. 즉, 자녀에게 영아돌연사 증후군이 전혀 발생하지 않은 대규모 인구집단과 비교해 계산한 것이다. 사실 이것은 엉뚱한 비교다.

여기서는 다음과 같은 비교가 이루어졌어야 했다. 한 가정에서 두 아이가 아주 어린 나이에 사망한 사례 중 영아돌연사 증후군으로 인한 사례는 몇이나 되고, 살인에 의한 사례는 몇이고, 영아돌연사 증후군과 살인이 함께 일어난 사례는 몇이고, 그 밖에 다른 원인으로 인한 사례는 몇인가? 나중에 영국 샐퍼드 대학교의 한 수학 교수가 영아돌연사 증후군이 두 번 거듭해 일어날 확률이 두 번의 살인 사건 발생 확률보다 4.5배에서 9배 더 높다는 것을 입증했다.

재판에서 샐리 클락은 처음에 유죄 판결을 받았지만 2003년 무혐의로 풀려났다.

증거를 어떻게 바라보느냐에 따라 당신이 내리는 결론이 왜곡되는 상황도 존재한다. 벅슨의 오류는 표집 편향 때문에 아무 인과관계도 없는 두 속성이 인과적으로 연결되어 있다고 믿게 되는 경우이다. 사실 이런 연결 관계는 추출한 표본 때문에 일어난다. 예를 들어보자. 키가 작은 여성들을 모아놓은 어떤 집단 구성원들이 모두 스페인어를 잘한다. 그렇다고 키가 작은 것과 스페인어를 잘하는 것이 서로 연관이 있다는 의미는 아니다. 두 속성은 인과적으로 연결된 듯 보일 수 있으나 스페인어 사용자의 비율이 높은 지역에서 표본을 추출했기 때문에 이런 결과가 나타났을 수 있다. 스페인어 사용자가 거의 없는 덴마크의 작은 도시가 아니라 스페인어 사용자가 많은 미국 어느 도시에서 표본을 추출했기 때문일 수 있다는 것이다.

비 올 확률 40%의 진짜 의미

수학 개념 : 확률

우리는 평생 일기예보를 듣고 산다. 기상전문가가 텔레비전에 나와 내일 비 올 확률이 40%라고 할 때 그 말의 진짜 의미는 무엇일까? 날씨를 예보할 때는 수학의 기본 가지인 확률을 사용한다. 일기예보 중 강수량을 예보할 때는 강수 확률PoP : probability of precipitation로 나타낸다. 그런데 사람들은 40%의 의미를 이해 못할 때가 있다. 이것은 비(또는 눈, 우박, 진눈깨비 등)가 전체 시간 중 40% 동안 내린다거나, 일기예보 해당 지역의 40%에 비가 내린다는 의미가 아니다. 이 말은 내일 조건과 대략 비슷한 조건을 갖는 열흘 중 나흘 정도 강수가 있을 것이라는 의미다. 뒤집어 말하면 그런 날 중 엿새는 강수가 없다는 뜻이다.

일기예보의 의미를 더 정확하게 만들 수도 있다. 일기와 관련된 자료를 제공하는 관청인 기상청에 따르면, 비 올 확률이 40%라는 말은 일기예보 해당 지역 어딘가에 0.01인치(0.0254cm)의 강수가 있을 확률이 4/10라는 의미라고 한다. 미국 기상청에서는 PoP=C×A라는 구체적인 강수 확률 계산 공식을 이용한다. 여기서 C는 일기예보 해당 지역 어딘가에 강수가 있다는 확신을, A는 강수가 있는 그 지역의 비율을 나타낸다.

강수 확률을 계산하는 데 쓰이는 방법은 다양하다. 일례로 웨더채널에서는 비가 내릴 확률이 40%라고 하면 그냥 0.01인치가 아니라 약간의 강수가 일기예보 지역에 내릴 확률이 4/10라는 의미고, 이것은 일기예보 전후 3시간이 포함된다. 이런 방법을 사용하면 시청자가 외출하면서 우산을 갖고 나갈지 말지 결정할 때 이왕이면 좀 더 조심하는 쪽을 선택하게 된다.

앙상블 일기예보 ensemble forecasting

일기예보에는 앙상블 일기예보라는 방법도 쓰인다. 다중의 예측을 이용하는 방법인데, 각각의 예측 모두 개연성이 있고 약간 다른 조건에서 출발한 것들이다. 기상전문가는 각각의 예측이 얼마나 차이가 나는지 살펴보면 미래 날씨의 불확실성을 판단할 수 있다. 초기 예측에 차이가 클수록 폭풍과 같은 기상 사건의 경로에 대한 확신이 떨어지게 된다. 일례로 허리케인 카트리나가 대서양에서 형성된 뒤 멕시코 만으로 이동하기 전, 이 허리케인이 어디로 상륙할지, 일단 상륙하면 어떤 경로를 따라 이동할지 예측하는 일기예보가 각양각색으로 나왔다. 어느 곳에서는 뉴올리언스를 강타할 것이라고 했고, 어느 곳에서는 멕시코 만의 동쪽 구역을 벗어나지 않을 것이라고 했다. 하지만 카트리나가 플로리다를 가로지르자 예측이 수렴하기 시작했고, 기상전문가들은 허리케인의 진행 방향을 훨씬 정확히 예측할 수 있었다.

수학에 기초한 시험 전략

수학 개념 : 계산

다음에 시험 볼 때는 수학을 이용해 점수를 올리는 것을 고려해보자. 흥미롭게도 수학에 관한 시험이 아니어도 수학으로 성적을 올릴 수 있다!

《수학으로 목숨 구하는 법How Math Can Save Your Life》에서 수학자 제임스 스타인James D. Stein은 C학점은 B학점으로, B학점은 A학점으로 올릴 수 있는 전략이 있다고 주장했다. 물론 수업을 제대로 듣고, 시험공부도 했다는 가정 하에 말이다. 이 전략의 첫 부분은 채점 방법을 파악하는 것이다. 각각의 문제에 똑같은 점수가 할당되는가? SAT(미국 대학 입학 자격시험)처럼 오답을 적으면 감점되는가? 감점이 없으면 최선을 다해 모든 문항에 답을 달아야 한다. 찍기를 해서라도 말이다(스타인의 전략은 특정 종류의 시험에서만 효과를 본다. OX 문제, 선다형 문제, 수학이나 과학 시험에 나오는 것 같은 풀이형 문제 등).

다음으로 1차로 시험지를 훑어보면서 즉석에서 답이 나오는 문제

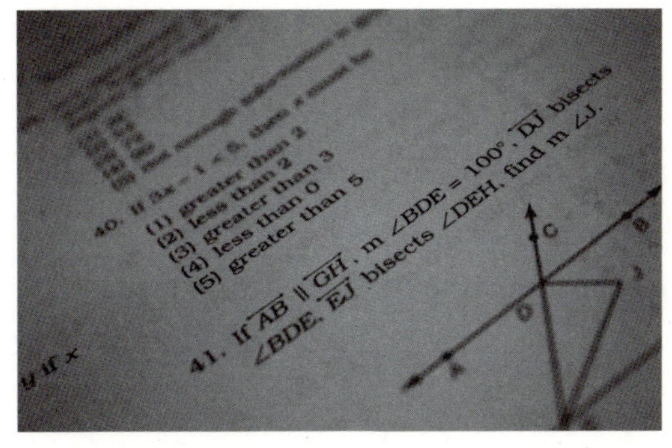

그림47 쉬운 문제부터 풀어야
높은 점수를 받을 수
있다.

나 풀 줄 아는 문제만 골라 푼다. 1초나 2초보다 더 걸리는 문제가 나오면 풀이를 중단하고 다음 문제로 넘어간다. 그 다음에는 못 푼 문제가 몇 개인지 세고 시간이 얼마나 남았는지 확인한다. 남은 시간을 남은 문제 수로 나누면 각 문제에 쓸 수 있는 평균 시간이 나올 것이다.

가장 어려운 문제를 제일 먼저 풀려고 하면 결코 안 된다. 고작 몇 문제 푸는 데 대부분의 시간을 쓰고 간단히 풀 수 있는 문제를 여러 개 놓치는 불상사가 생길 수 있기 때문이다.

선다형 문제

시험문제가 선다형일 때 답을 모르겠으면 항상 '3번'을 찍으라는 말을 들어봤을지도 모르겠다. 이것은 최고의 전략이 아닐 수 있다. 선생님들도 그런 사실을 알고 정답이 고르게 분포하도록 문제를 출제할 가능성이 크기 때문이다. 일단 선택의 폭을 줄인 다음 알고 있는 지식을 바탕으로 추측해서 찍는 것이 더 낫다. 선다형의 답지가 네 개인 경우에는 아무렇게나 찍어도 정답을 맞힐 확률이 25%다.

52

면역계가 수학을 한다고?

수학 개념 : 순회 세일즈맨의 문제

보통 우리는 우리 몸속의 세포들이 수학 문제를 풀 능력이 있다고 생각하지 않는다. 하지만 최근의 연구에 따르면 이 작은 생명체들이 실제로 수학 문제를 풀 수 있다고 한다. 여기서 말하는 세포는 우리 몸의 면역계에 들어 있는 어떤 종류의 백혈구 세포다. 백혈구는 바이러스와 세균 같은 침입 세포를 찾아 잡아먹는 것이 임무다. 이 세포들이 풀어야 할 한 가지 숙제는 일단 감염을 감지한 뒤 침입자들을 가장 효과적으로 공격하는 방법을 알아내는 것이다. 사실 이것은 순회 세일즈맨의 문제의 한 형태다(42번 참조). 그렇지만 우리 몸과 관계된 일이기 때문에 어떻게 하면 한 집이라도 더 방문해 매출을 올릴까 고민하는 것보다 시급히 해결해야 하는 숙제다. 백혈구가 침입자를 찾아 효과적으로 파괴할수록 우리 몸이 손상될 가능성은 낮기 때문이다.

세포들이 이용하는 방법을 주화성走化性, chemotaxis이라고 한다. 침입

150

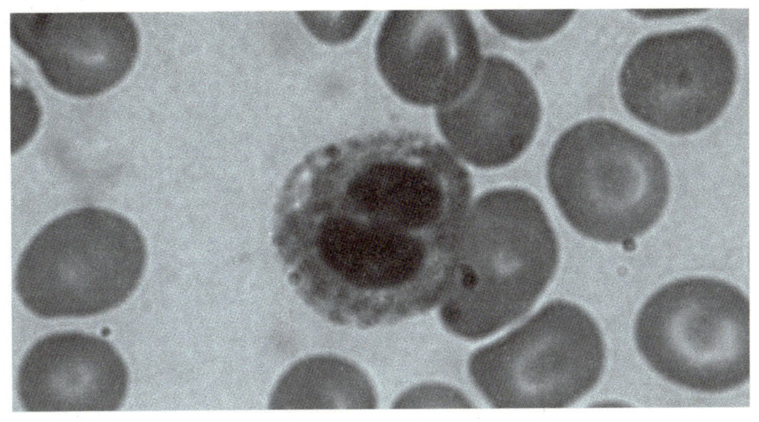

자를 냄새로 찾아낸다는 의미다. 백혈구들은 침입자들의 화학적 특징을 감지하고 그쪽으로 움직인다. 컴퓨터로 시행한 시뮬레이션에 따르면, 백혈구들이 바이러스나 박테리아 열 마리와 마주했을 때 침입자들을 공격해 제거하는 순서가 가능한 최단 경로와 비교해 불과 12% 길다고 한다. 나사못 머리보다 작은 생명체의 능력치고는 대단하다!

인공면역계 AIS : artificial immune system

컴퓨터 과학자들은 면역계에 영감을 받아 인공면역계라는 새로운 분야를 만들어냈다. 인공면역계 분야의 주된 연구 내용은 면역계의 기억력 같은 자연발생적 현상을 수학과 공학의 문제를 해결하는 데 어떻게 이용할지 알아내는 것이다. 넓게 보면 인공면역계는 인공지능 분야에 들어가며, 새로운 아이디어와 혁신의 영감 어린 원천이 되고 있다.

53

구글 번역기의 작동법

수학 개념 : 확률

외국어를 배운 적이 있으면 번역도 해보았을 것이다. 외국어를 배우는 학생들은 사전과 문법 규칙에 관한 지식으로 무장한 뒤 단어가 뜻하는 것을 알려고 고통스럽게 문장을 분석한다. 그리고 문맥의 실마리를 잡아낸다. 양쪽 언어를 유창하게 구사하는 사람이 아니면 번역 과정은 단편적으로 진행되는 고된 작업이다.

구글 번역기는 이런 과정을 모두 건너뛴다. 그 대신 이 번역 프로그램은 통계학을 이용해 제1언어로 쓰인 문헌과 제2언어로 쓰인 문헌을 비교한다. UN에서는 정기적으로 6개 언어(영어, 프랑스어, 러시아어, 스페인어, 중국어, 아랍어)로 글을 발표하는데, 구글 번역 프로그램은 그 문헌을 바탕으로 방대한 언어 용례 데이터베이스를 구축했다. 구글 번역기의 데이터베이스는 현재 약 80종 언어에 관한 정보를 담고 있다. 이 프로그램은 수억 건의 문헌을 훑어보며 패턴을 찾아 단어들을 어떻게 번역할 때가 가장 많은지 알아낸다. 단어의 정의나 문

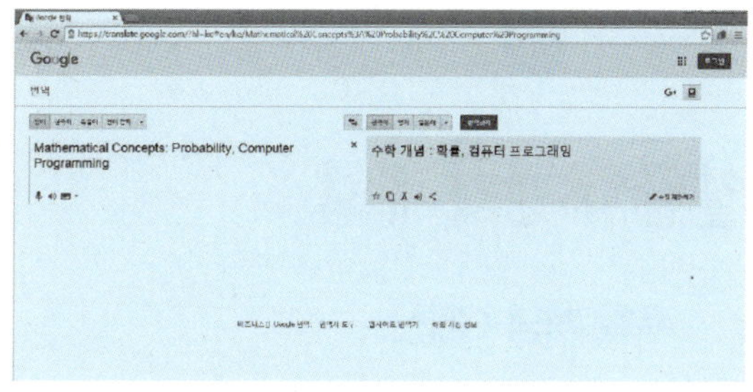

그림49 통계에 기초한 구글 번역기

법에 전혀 의존하지 않는 이런 과정을 통계적 기계 번역이라 한다. 이런 번역 방식은 확률에 의지한다는 점에서 수학과 관련되어 있다. A 언어로 한 문장이 주어졌을 때 B 언어의 한 문장이 그 첫 문장을 번역한 것일 가능성은 얼마나 될까?

통계적 기계 번역은 정보이론에 뿌리를 두고 있다. 정보이론은 신호 처리, 데이터 압축, 언어 등을 다루는 응용수학의 한 종류로, 1948년 공학자 겸 수학자 클로드 섀넌이 〈벨연구소 기술저널〉에 〈통신의 수학적 이론A Mathematical Theory of Communication〉이라는 논문을 발표하면서 탄생했다고 알고 있다. 정보이론은 핸드폰과 컴퓨터를 이용한 메시지 전송은 물론 암호 해독에도 사용된다. 정보이론의 수학이 없었으면 주머니 속의 핸드폰은 벽돌처럼 컸을 것이다. 그리고 웹기반 컴퓨터 계산으로 문장을 번역하는 놀라운 능력도 생길 수 없었을 것이다.

지진파 석유 탐사

지하에서 석유를 탐사하는 사람들에게도 정보이론은 무척 중요하다. 이들은 전문 분야인 지진파 석유 탐사에서 석유 퇴적물이 만든 신호와 간섭할 수 있는 잡음을 속아 분명한 신호를 만들 때 정보이론을 이용한다.

앞차와 간격 유지

수학 개념 : 계산

차를 빠르게 몰수록 사고가 났을 때 부상 위험도 커진다. 속도가 빠르면 다른 차에 반응할 시간이 짧아지고, 그로 인한 충돌의 심각성이 커지기 때문이다.

그렇다면 다른 차에 반응할 시간이 정확히 얼마나 짧아질까? 수학을 이용하면 어느 정도 분명한 답을 얻을 수 있다. 이것을 보고 나면 운전을 좀 더 안전하게 해야겠다는 생각이 들 것이다.

당신이 고속도로에서 시속 95km 속력으로 운전하고 있다고 하자. 단위를 고쳐 계산하면 초속 26.4m로 움직이는 것이다. 차체의 길이는 보통 4.5m 정도 되기 때문에 1초에 차 여섯 대의 길이만큼 움직인다는 말이 된다.

운전면허 교육에서 배웠듯이 차의 속력이 시속 16km(10마일) 빨라질 때마다 앞차와의 간격을 차 한 대 길이만큼 더 떨어뜨려야 한다. 앞차도 마찬가지로 시속 95km로 달리고 있다고 가정하자. 이 계

산에 따르면, 갑자기 앞차 바퀴가 펑크 났을 때 당신이 반응할 수 있는 시간은 1초가 나온다. 1초 안에 긴급상황을 감지하고 안전하게 대처하지 못하는 한 사고를 피할 수 없다. 앞차에 바짝 붙어 운전하면 안 되는 이유는 바로 이 때문이다.

갯 심각성 지수 GSI : Gadd Severity Index

갯 심각성 지수는 자동차 충돌이 차 안에 탄 사람에게 얼마나 영향을 미치는지 정량화한 값이다. 방정식은 다음과 같다. $GSI = a^{5/2}(t)$. 여기서 a는 가속, t는 시간(초)을 의미한다. 지속 시간만 짧으면(100만 분의 1초 단위) 인간의 머리는 GSI 값을 1,000까지 견딜 수 있다.

55

브라질 땅콩 효과

수학 개념 : 알갱이 대류

피할 수 없는 일이 있다. 견과류 캔을 따보면 마치 요술을 부린 것처럼 큰 알갱이들이 맨 위에 올라와 있다. 아침에 먹는 시리얼도 마찬가지다. 알갱이가 큰 것들은 꼭 위로 올라오고 중간과 바닥에는 맛난 것들이 없다. 이른바 브라질 땅콩 효과 Brazil nut effect라 부르는 이 짜증나는 현상은 수학과 관련 있다. 어떻게 그럴 수 있을까?

한 인기 있는 가설에서는 이 효과가 입자의 크기 때문에 생긴다고 주장한다. 입자는 땅콩이나 시리얼, 자갈, 구슬 등 뒤섞여 있는 물체면 무엇이든 상관없다. 혼합된 입자들은 덜컹거릴 때마다 짧은 거리일망정 수직으로 움직인다. 그 순간 입자들 사이에 공간이 생기고 옆에 있던 입자들이 그 공간을 메운다. 하지만 큰 입자는 작은 입자가 비운 자리를 채울 수 없다. 그 결과 큰 입자들은 줄곧 위쪽으로 움직인다. 일단 맨 위로 올라온 큰 입자들은 그곳에 머물지만, 작은 입자들은 옆으로 움직이며 아래로 내려간다. 알갱이 대류 granular convection라

는 반복적 주기가 만들어지는 것이다. 물 끓는 주전자를 보면 대류현상을 직접 눈으로 확인할 수 있다. 물 분자들은 뜨거워지면 꼭대기로 올라오고 식으면 아래로 내려간다. 시리얼 상자에도 수학이 스며들었을까? 물론이다.

브라질 땅콩과 눈사태

눈 덮인 산을 트레킹하는 사람들은 눈사태가 일어나면 부풀어오르는 장치를 착용한다. 이 장치를 착용하면 몸집이 더 커지기 때문에 눈사태에 휩쓸려 눈 속에 묻히더라도 표면으로 올라올 가능성이 더 커진다. 이 아이디어는 브라질 땅콩 효과와 같은 원리를 이용해 사람의 생명을 구한다.

56

쇼핑몰에 빨리 가기

수학 개념 : 브라에스의 역설

1968년 독일 수학자 디트리히 브라에스Dietrich Braess는 네트워크로 연결된 시스템이 갖고 있는 이상한 속성을 발견했다. 이 속성은 상식을 거스르는 듯했다. 지금은 독일 보쿰의 루르 대학교에서 수학을 가르치는 브라에스 박사는 교통 흐름을 연구하고 있었다. 그런데 차량 흐름이 정체되었을 때 도로를 추가하면 오히려 정체를 가중시킬 수 있다는 것을 알았다. 그와 유사하게 일부 정체 구역에서 도로를 없애면 반대로 차량이 더 원활하게 소통되었다. 이 개념은 직관에만 어긋나는 것이 아니라 도시계획의 기본 원칙과도 정면으로 충돌한다. 어떻게 그럴 수 있을까?

브라에스의 발견에서 핵심은 운전자들의 이기성이라는 개념이다. 운전자들은 자신의 운행 계획을 다른 운전자들과 조화롭게 조정하려 들지 않는다. 모두들 목적지로 가는 가장 빠른 경로를 타고 싶을 뿐이다. 그 예로 도시 중심가에서 교외 쇼핑몰로 가는 경로가 두 가지 있다고 하자. 각각의 경로는 두 구간으로 구성되어 있다. 한 구간은 언제든 30분이면 주파할 수 있고, 다른 구간은 폭이 더 좁아서 통과하는 데 걸리는 시간이 도로에 있는 차량 대수에 달려 있다(이 구간을 통과하는 데 걸리는 시간을 T/5 분이라 하자. 여기서 T는 그 구간에 있는 차량 대수다). 그리고 두 경로에서 두 구간은 서로 반대로 되어 있다. 즉, A 경로는 30분 주파 구간 전에 좁은 도로가 나오고, B 경로는 반대라고 하자.

200명의 운전자가 중심가에서 쇼핑몰까지 가는 데 시간이 얼마나 걸릴까? 두 경로는 구간만 반대로 되어 있을 뿐 나머지 조건은 같기 때문에 운전자 절반은 A 경로로, 다른 절반은 B 경로로 가서 양쪽 모두 50분이 걸리리라 예상할 수 있다.

두 경로 중 하나를 이용하는 운전자는 다른 경로를 이용하려 들 이유가 없다. 어차피 시간이 절약되지 않기 때문이다. 여러 개인이 관여되어 있고, 각각의 개인은 자신과 같은 상황에서 다른 사람들이 어떤 행동을 할지 예측할 수 있다. 이처럼 자신의 전략을 수정해야 할 이유를 찾을 수 없는 상황에 놓인 개인을 '내시 균형' 상태에 있다고 한다(46번 참조).

이제 도시계획 부서에서 두 경로 사이에 지름길을 만든다고 해보자. 각각의 경로에서 두 구간이 만나는 지점과 지점을 연결하는 것이다. 이 지름길은 통과하는 데는 거의 시간이 걸리지 않는다고 하자. 합리적인 운전자들은 모두 똑같은 경로를 이용하고 싶을 것이다. A 경로에서 T/5 구간을 이용한 다음 지름길을 거쳐 B 경로의 T/5 구간을 이용하는 것이다. 주행경로는 일종의 지그재그 모양을 형성할 것이다. 당연히 200명의 운전자 모두 이동시간을 줄이려고 이런 경로를 이용하려 들 것이다. 그럼 결국 200/5+200/5=80분이 걸린다. 운전자들은 누구나 지름길을 이용하면 운전 시간이 준다는 것을 알고 있고, 따라서 그 경로를 이용하려 들 것이다. 그 결과 정체가 더 심해진다.

선택 가능성을 줄이는 것이 더 나은 운전 환경을 만들 수 있다는 개념이 대한민국 서울을 비롯한 여러 도시에서 활용되고 있다. 2000년대 중반 도심을 관통하는 6차선 고속도로를 허물고 그 자리에 8km 길이의 공원을 만들자, 실제로 교통 흐름이 훨씬 효율적으로 변했다. 차들이 기존에 있던 다른 도로로 분산된 것이다. 이런 결과는 상식에 어긋나는 듯하지만 수학 덕분에 그 안에 담긴 지혜가 빛을 보게 된 경우다.

송전선

브라에스의 역설이 교통에만 적용되는 것은 아니다. 동력학 및 자기조직을 위한 막스 플랑크 연구소 과학자들은 2012년 한 논문에서 에너지 그리드에 송전선을 추가한다고 해서 그리드의 성능이 꼭 향상되는 것은 아님을 입증했다. 추가 송전선이 기존 송전선과 비교해 어느 위치에 있느냐에 따라 오히려 새로운 송전선이 에너지 그리드의 안정성을 해치는 결과를 낳을 수 있다. 따라서 때로는 송전선 수가 적어야 에너지 그리드의 효율이 높아지기도 한다.

57

종이를 몇 번이나 접을 수 있을까?

수학 개념 : 지수적 증가

손에 종이를 한 장 들어보자. 그 종이를 반으로 접는다. 그리고 다시 반으로 접는다. 이렇게 얼마나 계속 접을 수 있을까? 이것은 시트 문제bedsheet problem로 알려진 수학 퍼즐이지만, 종이나 수건, 알루미늄 포일, 국수면발 등 접을 수 있는 것은 무엇이든 적용 가능하다. 오랫동안 수학자들은 접을 수 있는 횟수가 최대 일곱 번이라고 생각했다. 하지만 2002년 캘리포니아 포모나의 한 고등학생인 브리트니 갤리반Britney Gallivan이 아주 긴 두루마리 화장지(약 1.2km)를 반으로 12번 접는 데 성공했다. 이 학생은 얼마나 긴 종이가 필요한지 미리 계산한 뒤, 그 길이의 종이를 한 방향으로만 접어 이런 기록을 세웠다.

그래서 뭐? 어쨌다는 거야? 무언가를 계속 반으로 접는 것은 지수적 증가를 이해하기에 좋은 방법이라는 얘기다. 어떤 크기나 숫자가 지수적으로 증가하면, 그것은 매 단계마다 정해진 지수만큼 증가한다. 하지만 밑수가 매번 증가하기 때문에 거기서 나오는 숫자는 아주

빠른 속도로 커진다.

일례로 일반적인 종이 한 장을 생각해보자. 이런 종이는 보통 두께가 0.1mm다. 한 번 접으면 두께가 0.2mm가 된다. 두 번 접으면 0.4mm가 된다. 이렇게 25번을 접으면 두께가 1km가 되고, 42번 접으면 달에 닿을 수 있는 두께가 된다. 그리고 81번 접으면 두께가 12만 7,786광년이 되고, 103번 접으면 종이는 가시적 우주보다도 더 큰 공간을 차지하게 된다(약 930억 광년 거리).

두루마리 화장지 문제

컴퓨터 과학자 도널드 크누스Donald Knuth는 사람들을 두 집단으로 분류하는 과정에서 공공건물의 2단 화장지 걸이에 대한 논문을 쓴 적이 있다. '큰 손 집단' 사람들은 더 많이 감겨 있는 두루마리 화장지에 먼저 손이 가고, '작은 손 집단' 사람들은 양이 적은 두루마리 화장지에 먼저 손이 간다. 그는 논문에서 서로 다른 수학 방정식을 이용해 어떤 사람이 이중 어느 한쪽일 가능성에 대해, 그리고 그것이 두루마리에 남은 종이의 양에 어떤 영향을 미치는지 연구했다.

162

58

비행기 탑승법

수학 개념 : 효율

미국 로스앤젤레스에서 뉴욕까지 비행기로 다섯 시간 만에 날아갈 수 있다는 것은 기적 같은 일이지만, 탑승 과정을 거쳐야 해서 기적이 성가신 일이 되고 만다. 승객들은 보통 비행기에 탑승할 때 블록으로 나누어 뒤쪽 블록 승객이 먼저 타고, 앞쪽 블록 승객이 나중에 탄다. 통로가 막혀 지체되는 것을 막기 위한 방법이지만, 승객들이 휴대한 짐을 선반에 올리느라 어쩔 수 없이 시간이 지체되곤 한다. 더군다나 창가 좌석에 앉는 승객은 종종 중간 좌석이나 복도 좌석에 앉은 사람들이 길을 터주어야 들어갈 수 있다. 이런 요인들이 지친 여행객들을 더욱 지치게 만든다. 그리고 시간 낭비는 곧 항공사의 비용 증가로 이어진다.

수학자들은 비행기 탑승에 따르는 불편을 줄이려고 머리를 맞대고 해결책을 찾아냈다. 그 비밀은 간격 확보와 좌석 위치에서 시작한다. 먼저 홀수 열 승객들이 탑승한다. 그러면 항상 빈 줄이 확보되

그림53 수학을 이용하면 기존 방법보다 여섯 배나 빨리 탑승할 수 있다.

기 때문에 선반에 짐을 올리는 사람들이 복도를 막아도 움직일 수 있는 공간이 마련된다. 여기에 추가 요구사항이 있다. 홀수 열 승객 중에서 창가 좌석 사람들이 제일 먼저 탑승해야 한다. 그다음에는 홀수 열 중간 좌석 승객, 마지막으로 홀수 열 복도 좌석 승객이 탑승한다. 이렇게 하면 이미 자리를 잡은 사람을 다시 나오게 할 필요가 없어져 좌석에 앉는 시간을 최소화할 수 있다. 이어서 짝수 열 승객들이 이 모든 과정을 반복한다. 이런 방법으로 탑승 시뮬레이션을 하자 대단히 효율적이어서 블록별 탑승법보다 여섯 배나 빨리 탑승할 수 있었다. 그런데 항공사들은 수학적으로 증명된 이 방법을 왜 사용하지 않을까? 그것은 수학자들이 풀어야 할 다음 연구과제가 아닐까 싶다.

사우스웨스트 항공사

사우스웨트스 항공사는 좌석을 배정하지 않는다. 그래서 승객들은 탑승권 번호 순서대로 탑승해 원하는 좌석을 자유롭게 선택한다. 이 번호는 탑승 수속을 밟을 때 배정하지만, 돈을 내면 더 빠른 탑승 번호를 받을 수 있다(46번 참조). 좌석을 배정하지 않는 것이 실제로 더 효율적인 방법인지 분명치 않다. 방정식에 무작위성이 도입되고 있기 때문이다.

3부

패턴

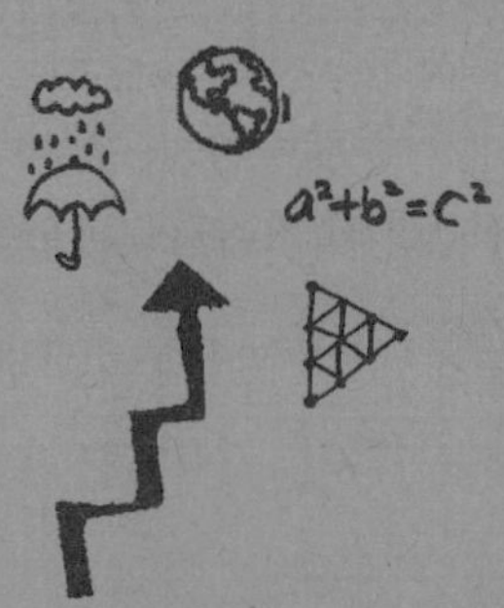

59

쪽매맞춤

수학 개념 : 기하학

당신의 기숙사 방 벽에 걸려 있는 모리츠 코르넬리스 에서Maurits Cornelis Escher의 포스터는 생각보다 수학과 관련이 깊다. 에서의 판화는 쪽매맞춤tessellation의 좋은 예다. 쪽매맞춤이란 종이 같은 2차원 평면을 기하학적 도형으로 서로 겹치지도, 사이가 뜨지도 않게 이어붙여 덮는 것을 말한다. 에서의 작품이 입증하듯, 그런 형태는 꼭 삼각형이나 사각형일 필요가 없다. 새가 될 수도 있고, 천사, 물고기, 물방울이 될 수도 있다.

사실 조각그림 맞추기 역시 일종의 쪽매맞춤이다. 조각들이 완성된 퍼즐의 평면을 서로 겹치지도, 사이가 뜨지도 않으면서 완벽하게 덮기 때문이다. 쪽매맞춤이 에서의 포스터에만 있는 것은 아니다. 스페인 알람브라궁전의 정교한 타일에서 벌집의 육각형 구조, 고대 로마 건축물의 벽과 바닥을 덮은 기하학적 패턴, 퀼트이불의 형태에 이르기까지 쪽매맞춤은 곳곳에서 발견된다.

　쪽매맞춤은 수학의 기름진 토양이라는 점도 밝혀졌다. 수학자들은 쪽매맞춤이 수백 년에 걸쳐 다음과 같은 특정 형태로 발생했다는 사실을 알아냈다.

- 일부 쪽매맞춤은 주기적이어서 패턴이 반복되고, 일부는 비주기적이어서 패턴이 반복되지 않는다.
- 일부 쪽매맞춤은 규칙적이다. 모든 변의 길이와 각의 크기가 같은 정다각형이 반복되어 형성된다(정사각형을 생각해보라).
- 어떤 쪽매맞춤은 준규칙적이다. 즉, 한 가지 이상의 정다각형으로 이루어진다.

분석은 여기서 그치지 않는다. 1891년 러시아 결정학자 예브그라프 페도로프Evgraf Fedorov는 주기적 쪽매맞춤이 열일곱 가지 분류 중 하나에 해당한다는 것을 증명했다. 준규칙적 쪽매맞춤은 여덟 가지 종류가 있다.

수학이 그저 계산만 하는 학문이 아니라는 것을 알려주려고 이런 예를 들었다. 수학은 형태의 경이로움과 아름다움에 관한 학문이기도 하다.

네덜란드에서 태어난 그래픽 아티스트 모리츠 코르넬리스 에셔는 만약 합격했다면 자신을 건축 공부로 이끌었을 시험에서 낙방하고 말았다. 하지만 나중에 스페인에 있는 14세기 무어 왕족의 알람브라궁전을 방문하고 영감을 받아 평면을 완벽하게 뒤덮는 디자인을 만들어내는 일에 집중하게 된다. 그 이후의 일은 역사가 전하는 그대로다.

60

넥타이 묶는 법은 17만 7,147가지

수학 개념 : 기하학, 위상수학

새로운 수학 분야를 일구는 영감은 어디서든 떠오를 수 있다. 예를 들어 슬로베니아 요제프 슈테판 연구소의 수학자 미카엘 베테모 요한손Mikael Vejdemo-Johansson은 영화 〈매트릭스〉 시리즈를 보다가 아이디어를 떠올렸다. 그는 메로빈지언이라는 등장인물이 넥타이를 연이어 특이한 매듭으로 자랑스레 매고 나오는 것을 보았다. 그 매듭법 중 하나가 눈에 띄었는데, 마치 넥타이 자체가 넥타이를 맨 것처럼 보였다. 흥미를 느낀 미카엘은 조사를 했고, 영국 케임브리지 대학교의 연구진이 이미 넥타이 매듭법의 수학에 관한 논문을 발표했음을 알게 되었다. 논문의 두 연구자는 넥타이를 묶는 행위를 기호로 표시 가능한 일련의 단계로 분해했다. 예를 들어 L은 왼쪽, C는 중앙, R는 오른쪽, i는 넥타이의 움직이는 부분을 그림 안쪽 방향으로 갖고 들어가는 움직임, o는 그 부분을 그림 바깥 방향으로 갖고 나오는 움직임, T는 넥타이를 매듭의 구멍으로 통과시키는 움직임 등으로 말이다.

두 연구자는 중앙으로 오는 움직임을 포함해 전체 움직임 횟수에 따라 넥타이 매듭을 101가지 종류로 분류했다.

그런데 그 목록에 메로빈지언의 매듭이 없다는 것이 문제라면 문제였다. 미카엘은 케임브리지 대학교의 연구자인 용 마오Yong Mao와 토머스 핀크Thomas Fink가 내세운 두 가지 가정이 결과적으로 가능한 매듭의 숫자를 제한했다는 것을 알았다. 그 가정은 첫째, 두 사람은 모든 매듭이 넥타이 천의 납작한 조각으로 덮인다고 규정했다. 둘째, 넥타이를 조여매는 움직임이 매듭묶기 과정의 마지막에서만 일어난다고 규정했다. 미카엘은 넥타이 매듭을 나타내는 공식 언어를 단순화하고, 넥타이 한쪽 끝이 다른 쪽 끝을 감쌀 수 있는 횟수를 8번에서 11번으로 늘리면 총 17만 7,147가지의 가능한 매듭이 나온다는 것을 알아냈다. 그와 두 명의 연구진은 감는 패턴을 2,046가지 발견했으며, 이 패턴은 완성하는 데 최고 11번의 움직임이 필요했다.

다음에 넥타이를 매다가 그 방식이 지겨워지면 평생 매일 다르게 매고도 남을 다양한 넥타이 매듭법이 있다는 것을 기억하자!

넥타이 매듭

넥타이 매듭 중 가장 쉬운 것은 포인핸드 매듭법이다. 넥타이 매는 법을 처음 배울 때 이 방법부터 배웠을 것이다. 그보다 좀 더 복잡한 매듭법에는 윈저 매듭법이 있다. 윈저 공이 사용해 인기를 끈 이 방법은 칼라가 넓은 셔츠에 잘 어울린다.

61

왈츠는 3/4박자

수학 개념 : 정수론

음악과 수학은 언제나 밀접한 관계를 맺어왔다. 피타고라스학파 사람들과 고대 그리스인들의 시대부터 시작해 때로는 수학 이론을 소리로 옮겨놓은 듯한 바흐^{Bach} 작품이나 4분음표, 음계, 템포 표시로 가득한 정교한 기보법에 이르기까지 음악은 다른 분야는 시도하기 힘든 방식으로 수학을 구현해왔다. 어떤 면에서는 음악에 수학이 깃들어 있음이 분명하게 드러난다. 여기저기 보이는 숫자 때문이다. 예를 들이 이떤 직품은 4/4박자인 빈면 월츠는 3/4박자, 어떤 슬라브 음악은 12/16박자이다. 어떤 음표는 한 마디 길이를 나타내는 반면 어떤 음표는 한 마디의 1/16의 길이를 나타낸다. 그리고 템포는 분당 비트수로 나타낸다. 박자표는 음악가에게 한 마디 안에서 몇 박이 일어나고, 어떤 종류의 음표가 한 박에 해당하는지 알려준다. 어디를 봐도 음악에는 수학이 깃들어 있다.

그런데 다른 한편에서 보면 음악에 깃든 수학이 잘 안 드러난다.

사실 숨어 있는 수학이야말로 세상 모든 음악의 근간이다. 이 불가사의한 수학적 특성이 음정의 특징을 만들어낸다. 피아노에서 아무 건반이나 두 음을 동시에 눌러보자. 듣기 좋은 소리나 듣기 싫은 소리, 꽉 찬 소리나 가냘픈 소리가 난다.

두 음의 조합, 즉 가장 듣기 좋은 음정은 옥타브다. 한 음이 근음보다 주파수가 두 배, 또는 절반인 관계일 때 두 음의 관계를 옥타브라고 한다. 피아노 건반에서 옥타브의 예를 찾아보면 중앙 '다'를 그 위나 아래의 '다' 음과 함께 연주하는 것이다(이 두 '다' 음은 하얀 건반으로 여덟 개 떨어져 있다). 옥타브는 비율로도 표현할 수 있다. 옥타브 관계에서 한 음은 그 앞 음의 주파수보다 두 배의 주파수를 갖기 때문에 비율이 2:1이다. 완전음정, 증음정, 감음정 등의 음정도 자기 고유의 비율을 갖고 있다(완전음정의 '완전'은 보통 대부분의 사람에게 소리가 특히 좋게 들리는 음정을 말한다. 증음정은 완전음정에 반음이 보태진 음정을 말한다. 예를 들어 C와 G를 함께 연주하면 완전5도가 되지만, C와 G#, 즉 G에서 반음 높은 검은 건반을 함께 연주하면 증5도가 된다). 완전5도의 비율은 3:2인 반면, 4개의 반음으로 구성된 장3도의 비율은 5:4다. 음의 조합을 비율이라는 측면에서 생각하면 우리가 매일 듣는 음악의 밑바탕에 깔린 수학을 드러내는 데 도움이 된다.

수학자 스콧 리카드Scott Rickard는 1950년대에 해군 음파탐지기 성능을 향상시키려고 개발한 기술을 이용해 완전히 아무 패턴도 없지만, 그렇다고 무작위도 아닌 음악작품을 만들어 '세상에서 가장 듣기 싫은 음악'이라고 불렀다.

우주의 원자 개수보다 많은 바둑의 경우의 수

수학 개념 : 조합론

수학을 기반으로 하는 게임은 많지만 바둑처럼 우아한 게임은 없다. 약 4,000년 전 중국에서 발명된 것으로 알려진 바둑은 중국, 일본, 한국에서 큰 인기를 끌고 있으며, 서구에서도 저변을 넓혀가고 있다(미국 바둑협회는 1935년에야 만들어졌다).

바둑의 규칙은 간단하다. 한쪽은 검은 돌로, 상대방은 하얀 돌로 경기한다. 바둑판은 주로 나무로 만들며, 19×19 격자, 즉 19개의 행과 19개의 열로 구성된 격자를 형성하고 있다. 두 참가자는 격자의 교차점에 돌을 놓으며 영역을 획득하고 지키는 것이 목표다. 돌로 상대방 돌의 주위를 포위하면 그 돌을 따낼 수 있다. 한번 포위당한 돌은 바둑판에서 들어낸다.

바둑은 수학으로 똘똘 뭉쳐 있다. 예를 들어 돌을 놓을 수 있는 위치를 생각해보자. 적어도 2×10^{170}보다 큰 값이 나온다. 우주에 존재하는 모든 원자의 개수가 10^{84}밖에 안 알려진 것을 고려하면 어마어

마한 숫자다.

바둑을 체스와 비교해도 엄청난 숫자가 등장한다. 컴퓨터 프로그램이 체스를 둘 때는 일곱 수까지 분석해 내다볼 수 있다. 하지만 이런 기술을 바둑에 적용하려 들면 곧 과부하가 걸리고 만다. 체스 경기를 할 때 컴퓨터는 매 수마다 600억 가지 경우의 수를 검토할 수 있다. 그런데 바둑에서 일곱 수를 내다보려면 컴퓨터는 1조의 만 배나 되는 경우의 수를 검토해야 한다.

바둑은 완전히 새로운 종류의 숫자를 탄생시키는 데도 기여했다. 1970년 케임브리지 대학교의 수학자 존 콘웨이John Conway는 두 고수가 벌이는 대국을 연구하다가 결국 초현실수라는 개념을 생각해냈다.

초현실수란 일련의 위와 아래의 움직임을 이용해 수직선 위에 있는 특정 숫자를 찾아가는 명령의 집합이라 생각할 수 있다. 정수, 분수, 양수, 음수, 무리수 등으로 이루어진 모든 실수는 초현실수에 해당하지만, 일부 초현실수는 실수가 아니다. 초현실수는 본질적으로 유리수, 정수처럼 위와 아래, 왼쪽과 오른쪽 등 일련의 움직임을 이용해 수직선에서 찾아낼 수 있는 새로운 숫자 집합이다. 특히 큰 값을 가지는 한 초현실수는 오메가로 알려져 있다. 이것은 당신이 오른쪽으로 무한한 시간 동안 움직였을 때 수직선상에서 내려앉는 숫자로 정의된다. 오메가는 그 어떤 실수보다 큰 초현실수에서 가장 작은 값이다. 어쨌거나 바둑은 발견을 자극하는 추진력이었고, 지금도 전 세계 수백만 명의 사람들에게 수학적 즐거움을 주고 있다.

오셀로Othello

1880년대에 두 영국인이 발명해 원래는 리버시로 불렸던, 바둑과 비슷한 오셀로라는 게임이 있다. 사실 오셀로와 바둑은 상당히 다르다. 양쪽 게임 모두 참가자가 상대방의 돌을 둘러싸지만, 오셀로는 상대방 돌에 둘러싸인 돌을 들어내는 것이 아니리 뒤집어놓는다. 오셀로의 돌은 한쪽은 검은색, 한쪽은 흰색이라 뒤집으면 돌의 색깔이 바뀐다. 이와 달리 바둑은 잡힌 돌의 색깔이 변하지 않는다. 더군다나 오셀로 게임판은 8×8 격자로 바둑의 19×19 격자에 비해 훨씬 작다.

63

체스판과 밀

수학 개념 : 등비수열

인도 신화에는 궁정 고관인 시사 벤 다히르 Sissa Ben Dahir가 쉬르함 Shirham 왕을 위해 체스 게임을 발명했다는 이야기가 전해온다. 다히르의 발명에 크게 기뻐한 왕은 그가 원하는 것은 무엇이든 주겠노라고 했다. 그러자 다히르는 별것 아닌 듯한 선물을 부탁했다. 체스판 첫 칸에는 밀 한 알을, 두 번째 칸에는 두 알, 세 번째 칸에는 네 알… 이렇게 해서 각각의 칸에 그 앞 칸의 2배수의 밀알을 담아 달라고 요청한 것이다.

이것을 다음과 같은 식으로 표현할 수 있다.

$2^0 + 2^1 + 2^2 + 2^3 + \cdots\ 2^{63}$(63에서 멈춘 까닭은 체스판의 칸이 모두 64개지만, 첫 2에 붙은 지수가 1이 아니라 0이기 때문이다).

밑수는 일정하고, 수열의 각 단계에서 지수만 증가하는 이런 종류의 덧셈을 등비수열이라 한다. 이렇게 더한 값은 별로 커 보이지 않지만 사실 어마어마하게 큰 값이다. 이 값은 다음(64번 참조)에 나오는 하노이타워 문제를 푸는 데 필요한 이동 횟수와 같은 값인 18,446,744,073,709,551,615이다. 밀 1톤에 밀알이 대략 1억 개 들어 있다고 가정하면 다히르가 요구한 양은 대략 2,000억 톤에 해당한다. 진정 어마어마한 양이다.

루이스 체스맨은 세계에서 가장 멋진 체스 수집품에 속한다. 12세기에 만든 93개의 체스 말로 구성된 이 수집품은 1831년 스코틀랜드 아우터헤브리디스에서 발견되었다. 바다코끼리 상아와 고래 이빨로 만든 체스 말들은 북유럽의 영향을 받은 듯하다. 체스 말 중 루크(장기와 비교하면 차車에 해당)를 보면 바이킹 전사처럼 자기 방패를 물고 있는 병사 모양으로 생겼다.

64

하노이타워

수학 개념 : 등비수열

때로는 간단한 규칙이 깜짝 놀랄 만큼 큰 수로 이어지기도 한다. 하노이타워Tower of Hanoi를 생각해보자. 이것은 딱딱한 밑판에 막대기 세 개가 꽂혀 있고, 중앙에 구멍이 뚫린 나무 원반들이 한 막대기에 꽂혀 있는 장난감이다. 각각의 원반은 크기가 다르고, 가장 작은 원반이 맨 위에 있고 아래로 갈수록 크기가 커져 바닥에 가장 큰 원반이 오게 쌓여 있다. 이 게임의 목표는 원반 더미를 한 막대기에서 다른 막대기로 옮기되, 원반이 처음과 같은 순서로 마무리되게 하는 것이다. 원반은 한 번에 하나씩 이동할 수 있으며, 한 원반을 자기보다 작은 원반 위에 올릴 수 없다는 것이 규칙이다.

이 목표를 달성하는 데 필요한 움직임은 반복의 좋은 예다. 첫 원반을 옮기는 데는 한 번 움직이면 되지만, 이어서 원반을 옮기는 데는 그 전 원반을 옮기는 데 들었던 움직임의 두 배가 필요하다. 원반 개수가 많아지면 이 퍼즐을 마무리하는 데 필요한 움직임 횟수가 상상하기 어려울 만큼 커진다.

일례로 라우스 볼Rouse Ball이 쓰고 콕세터Coxeter가 편집한《수학적 오락과 수필Mathematical Recreations and Essays》에는 하노이타워에 대한 전설이 나온다. 그 전설에 따르면, 인도에는 세 개의 다이아몬드 바늘이 달린 하노이타워가 있다고 한다. 그중 한 다이아몬드 바늘에 64개의 황금 원반이 작은 것부터 차례대로 꽂혀 있다. 브라마의 사제들이 원반을 돌보는데, 한 사제는 항상 위에 언급한 간단한 규칙에 따라 원반을 다른 바늘로 옮기는 중이라고 한다. 원반 더미 전체를 이동하는 날 세상은 끝난다고 한다. 시간이 얼마나 걸릴까?

한 번 움직이는 데 1초가 걸리고, 사제가 절대 쉬는 법이 없다고 하면 황금 원반을 모두 이동하는 데 18,446,744,073,709,551,615초가 걸린다. 이는 약 58조 년에 해당한다. 현재 우주의 나이가 130억 년 정도인데 어마어마하게 긴 시간이다. 이처럼 아주 간단한 규칙 안에 정말 어마어마한 숫자가 담길 수 있다.

대중문화에 등장한 하노이타워

하노이타워는 대중문화에서 즐겨 사용하는 장치다. 영국 BBC 방송국의 드라마 〈닥터 후〉 중 1966년 방영한 한 에피소드에서 셀레스티얼 토이메이커가 닥터에게 원반 열 개짜리 하노이타워를 1,023번의 움직임 안에 풀라고 강요한다. 여기서 그는 이것을 '트릴로직 게임'이라 불렀다. 2011년에는 영화 〈혹성 탈출 : 진화의 시작〉에서 이 게임을 '루카스타워'라고 부르며 유인원의 지능을 검사하는 데 사용했다.

65

비둘기 집 원리

수학 개념 : 조합론

간단한 개념이라고 무시하면 안 된다. 그런 개념이 때로는 폭넓은 함축을 담고 있을 때가 있다. 1834년 독일 수학자 페터 디리클레Peter Gustav Lejeune Dirichlet가 처음 공식화한 비둘기 집 원리pigeonhole principle도 바로 그런 개념이다.

이 원리에 따르면, 비둘기 집은 세 개고 비둘기는 네 마리가 있는데, 비둘기가 빠짐없이 어느 한 집에는 들어가야 한다면 한 비둘기 집에는 반드시 한 마리 이상의 비둘기가 들어가야 한다. 이 원리는 각 집에 비둘기가 정확히 몇 마리 들어가는지, 또는 각 집에 비둘기가 들어가 있는지 여부도 말해주지 않는다. 네 마리 비둘기가 모두 한집에 같이 살기로 하고 두 집은 비워두었는지도 알 수 없다.

비둘기라고 꼬집어 말하지 않고 일반적인 방식으로 이 원리를 다시 써보면(이 원리는 소, 칠면조, 축구공 등등 어느 것을 대상으로 해도 유효하다.), "N개의 집합과 M개의 개체가 있고, M이 N보다 크다면 이 집합들 중 하나는 적어도 하나 이상의 개체를 담고 있을 것이다."라고 말할 수 있다.

비둘기 집 원리를 이용해 세상에 관한 주장을 펼 수도 있다. 예를 들어 당신이 M&M 초콜릿 한 봉지를 갖고 있다고 하자. 초콜릿 중 절반은 빨간색이고, 절반은 갈색이다. 적어도 두 개의 초콜릿이 같은 색이 나오게 하기 위해 봉지에서 꺼내야 할 초콜릿의 최소 개수는 몇 개인가?

그 답은 세 개다. 처음 두 개를 같은 색깔로 꺼낼 수 있지만, 하나는 빨간색, 하나는 갈색으로 꺼낼 수도 있다. 이 경우에 세 번째 초콜릿은 무슨 색을 꺼내든 앞에 나온 둘 중 하나와 같은 색으로 짝을 이루게 된다.

이 시나리오에서는 두 개의 비둘기 집을 두 개의 상자로 생각할 수 있다. 상자 가운데 하나는 빨간색 초콜릿을 위한 것이고, 하나는 갈색 초콜릿을 위한 것이다. 우리는 초콜릿 두 개가 똑같은 상자에 들어가게 하기 위해 봉지에서 꺼내야 할 초콜릿의 최소 개수를 알아내려 한다.

이 원리를 이용하면 뉴욕에 서주하는 사람 중 머리카라 수가 같은 두 사람이 반드시 있어야 한다는 사실도 증명할 수 있다. 한 사람의 머리카락은 대략 10만 개쯤 되고, 뉴욕에 사는 사람 수는 대략 800만 명이다. 그럼 어느 특정 사람의 머리에 있는 머리카락 수는 10만 가지 경우가 존재한다. 말하자면 10만 개의 비둘기 집이 있는 셈이다. 그리고 뉴욕 거주민 800만 명은 800만 마리의 비둘기에 해당한다. 즉, 10만 개의 비둘기 집과 800만 마리의 비둘기가 있는 셈이다. 따라서 우리는 적어도 두 마리의 비둘기, 또는 사람이 같은 비둘기 집에 들어가야 한다고 확신할 수 있다. 그 두 사람의 머리카락 수는 같아야 한다는 말이다.

의회의 비둘기 집

비둘기 집('pigeonhole'은 우편물 등을 정리하려고 여러 개의 작은 칸으로 나눈 함이라는 의미도 있다.)은 비둘기나 수학과 아무 관련 없는 맥락으로 사용하기도 한다. 의회에서 법안을 비둘기 집에 넣어둔다고 하면, 그 말은 법안을 한 구석에 밀어두고 잠시 잊는다는 뜻이다.

일곱 개의 다리를 건너 집으로 가는 길

수학 개념 : 그래프이론

테세우스와 미노타우로스 신화에서부터 중세에 만들어진 명상용 교회 미로, 가을이면 시골 여기저기 생기는 옥수수밭 미로, 〈라비린 토스〉와 〈메이즈 러너〉 등 영화에 이르기까지 미로는 오랜 세월 대중문화의 일부였다. 미로는 그 자체로도 흥미롭고 아름답지만 수학적 대상이기도 하다.

미로 연구는 그래프이론graph theory과 위상수학 분야에 속한다. 이런 분야는 도식적인 방식으로 사물을 연구한다(9번에서 지하철 노선도를 분석했던 내용과 유사하다). 당신이 걸어가야 할 꼬부랑길이나 담의 높이, 발아래 밟히는 땅의 질감 따위는 모두 무시하고 추상화해 생각하면 미로란 특정 지점에서 새로운 방향으로 갈래가 나뉘는 경로라 할 수 있다. 우리는 이런 각각의 점을 정점node이라 한다. 그리고 두 정점을 나란히 연결하는 경로를 변edge이라 한다. 미로를 위에서 내려다볼 수 있다면 그 형태를 기록한 뒤 정점과 변만으로 구성된 일종의 도표를 그릴 수 있다. 이 정점들에 이름을 붙이면 미로의 끝에 도달하기 위해 가야 할 경로가 쉽게 눈에 띈다.

이런 종류의 분석을 처음 시행한 사람은 1700년대에 살았던 스위스 수학자 레온하르트 오일러Leonhard Euler다. 그는 '쾨니히스베르크의 일곱 개 다리'로 알려진 문제에 도전해 해답을 알아냈다. 그리고 그 과정에서 그래프이론이라는 분야를 창시했다.

이 문제는 프로이센의 쾨니히스베르크라는 실제 도시에서 나왔다. 프레겔 강이 도시를 가로지르고, 강의 한가운데 섬이 있다. 강은 그 섬을 지난 뒤 두 갈래로 갈라진다. 일곱 개의 다리가 섬을 육지와 연결하는데, 지역 주민들은 과연 각 다리를 한 번씩 건너고 출발점으로 돌아오는 길이 있는지 궁금했다. 오일러는 다리, 섬, 육지를 정점과 변으로 이루어진 추상적 네트워크로 생각함으로써 그런 경로가 존재하지 않는다는 사실을 입증했다

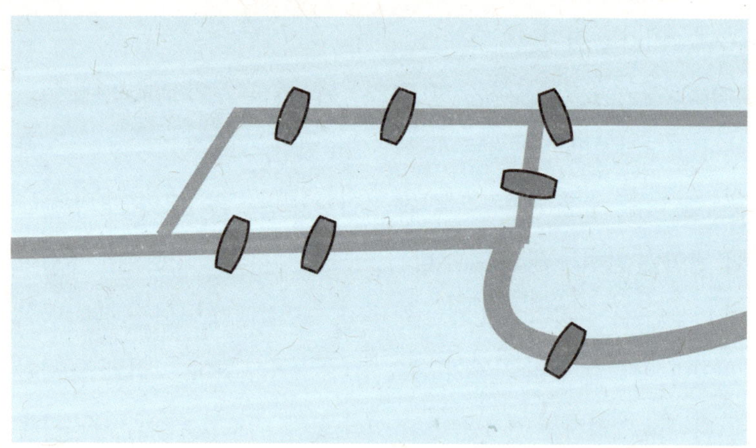

그림56 오일러가 풀어낸 쾨니히스베르크의 일곱 개 다리

미로로 이루어진 미궁迷宮은 입구에서 중앙으로 직접 이어지는 하나의 통로만 있을 뿐이다. 미노스 왕은 3,000년 전 크레타 섬의 크노소스 궁전 아래 미궁을 지었다. 신화에 따르면, 미노스 왕은 왕비와 황소 사이에서 태어난 반인반우 미노타우로스를 가두려고 미궁을 지었다는 것이다. 미노스 왕은 아테네 사람들에게 해마다 젊은 남자와 여자를 각각 일곱 명씩 제물로 바치라고 하여 미노타우로스의 먹이로 삼았다. 아테네 왕자 테세우스는 이 끔찍한 전통을 끝장내기로 결심한다. 테세우스는 스스로 제물로 자원해 미노스 왕 앞에 나섰다. 그때 왕의 딸인 아리아드네는 테세우스를 보자마자 사랑에 빠졌다. 그녀는 테세우스에게 실뭉치를 주면서 미궁에 들어갈 때 풀면서 들어갔다가 나올 때 실을 따라 나오라고 알려주었다. 테세우스는 결국 미노타우로스를 죽이고 아리아드네의 도움으로 미궁을 탈출했다. 그런데 아테네로 돌아가는 길에 배의 돛을 흰색으로 바꾸는 것을 깜박 잊고 말았다. 아테네를 떠날 때 테세우스는 살아 돌아오면 배에 흰 돛을, 죽게 되면 검은 돛을 올리겠다고 아버지 아이게우스에게 약속했던 것이다. 아테네 왕 아이게우스는 검은 돛을 보고 슬픔에 젖어 바닷물에 몸을 던지고 말았다.

67

스도쿠에 필요한 단서

수학 개념 : 알고리즘

스도쿠는 인기 있는 취미활동 퍼즐이지만 그저 시간 때우기용 놀이만은 아니다. 묘한 매력이 있는 이 중독성 강한 숫자 퍼즐은 흥미로운 수학적 개념을 담고 있다.

스도쿠는 9×9의 작은 격자로 이루어져 있고, 이 격자들은 다시 3×3의 큰 격자로 나뉘어 있다. 각각의 작은 격자에 1부터 9 사이의 숫자를 채워넣어야 하는데, 9×9 격자의 행과 열에서 각각의 숫자가 한 번만 나와야 한다. 그리고 각각의 3×3 큰 격자에도 각각의 숫자가 한 번만 등장해야 한다. 격자 여기저기에 출제자가 입력해놓은 숫자가 들어가 있다. 이 숫자들이 퍼즐을 푸는 단서다. 스도쿠의 또 다른 특징은 각각의 퍼즐에 정답이 오직 하나라는 점이다.

아일랜드 더블린 대학교의 개리 맥과이어 Gary McGuire가 이끄는 수학 연구진은 퍼즐이 하나의 정답만을 갖기 위해 필요한 최소 단서가 17개라는 것을 밝혀냈다. 단서의 개수가 이보다 적으면 퍼즐의 정답이

					4	9		6
5		6	3	9			1	
					6			
8			4			3		5
	6		5		2		4	
3		4			8			2
			6					
	4			2	3	8		1
1		3	8					

그림57 17개의 단서로 하나의 정답을 갖는 스도쿠

하나만 나올 수 없다. 맥과이어의 연구진이 이를 증명한 것은 아니다. 대신 이들은 컴퓨터의 계산 능력을 이용해 가능한 모든 스도쿠 격자를 탐색했다. 더블린의 고성능컴퓨팅 아일랜드 센터에서 약 700만 시간에 이르는 컴퓨터 계산 시간을 이용한 것이다. 이들은 끌어모을 수 있는 최대한의 컴퓨터 계산 능력이 필요했다. 가능한 스도쿠 격자의 수가 6,670,903,752,021,072,936,960이라는 어마어마한 숫자였기 때문이다. 하지만 연구진은 서로 다른 격자 중 일부가 수학적으로 동등하다는 원리에 입각한 알고리즘을 사용해 그 숫자를 좀 더 감당할 만한 숫자로 줄일 수 있었다. 신문의 기분전환용 오락거리조차 흥미로운 수학으로 가득 채울 수 있다.

NP 완전 문제

2002년 수학자들은 스도쿠가 NP 완전 문제('NP'는 '미정다항 시간문제'를 뜻한다.)라고 주장했다. 이게 무슨 뜻일까? 주어진 해답이 옳은지 확인하기는 쉽지만, 퍼즐을 빠르고 쉽게 푸는 방법은 존재하지 않는다는 뜻이다. NP 시간은 아주 길다. 이것이 스도쿠에서 의미하는 것은 무엇일까? 사실상 스도쿠 퍼즐을 푼 답이 옳은지 확인하기는 쉽지만, 퍼즐을 빠르고 쉽게 푸는 방법은 없다는 뜻이다.

68

반 고흐 작품의 수학적 패턴

수학 개념 : 난류

〈별이 빛나는 밤〉은 반 고흐의 아름답고도 상징적인 작품이다. 최근 이 그림은 아름다움뿐만 아니라 바탕에 깔려 있는 수학으로 더 유명해졌다.

반 고흐의 두 작품 〈까마귀가 나는 밀밭〉과 〈사이프러스와 별이 있는 길〉뿐만 아니라 〈별이 빛나는 밤〉의 소용돌이 패턴 역시 난류와 기이할 정도로 닮은 것으로 드러났다. 난류는 강물에서 일어나는 소용돌이나 불에서 올라오는 연기 등에서 보이는 운동을 말한다. 파이프를 통해 흐르는 유체의 운동에서도 나타난다. 비행기를 타고 가다가 가끔 기체가 덜컹거리는 느낌이 들 때가 있는데, 이는 대기 중에서 더운 공기와 찬 공기가 섞이며 발생하는 난류 때문이다. 난류는 흔히 일어나는 현상이지만, 수학으로 기술하기는 어렵기로 유명하다. 그렇게 하려면 수학자들은 나비어-스톡스 방정식Navier-Stokes equation의 해를 이해해야 한다. 이것은 1800년대에 공식화된 유체의 운동을

그림58 방정식이 발견된 〈별이 빛나는 밤〉

그림59 난류와 닮은 〈사이프러스와 별이 있는 길〉(부분)

기술하는 방정식으로 풀기가 엄청 어렵다.

난류와 물리학자 베르너 하이젠베르크Werner Heisenberg가 등장하는 이야기가 있다. 신과 대화할 기회가 생기면 어떤 말을 하고 싶냐는 질문에 하이젠베르크는 이렇게 대답했다. "신을 만나면 두 가지를 묻고 싶습니다. 왜 하필 상대성이론입니까? 왜 하필 난류입니까? 첫 질문에 대해서는 신이 분명 해답을 갖고 있을 것이라 믿습니다."

과학자들은 〈별이 빛나는 밤〉에 나타나는 패턴이 난류의 특징과 맞아떨어지는지 판단하려고 반 고흐의 붓놀림으로 칠해진 물감의 휘도, 즉 밝기를 검사했다. 이들은 그림을 디지털화해 그림 안에 들어 있는 픽셀의 휘도를 비교했다. 그 결과 휘도의 패턴이 1940년대에 통계를 이용해 난류를 이해하려 애썼던 러시아 수학자 안드레이 콜모고로프Andrei Kolmogorov가 공식화한 방정식과 맞아떨어진다는 사실을 발견했다. 반 고흐의 붓놀림에서 나온 소용돌이는 실제로 더욱 깊은 의미를 갖고 있었던 것이다.

안드레이 콜모고로프

안드레이 콜모고로프는 1903년 농업연구사의 아들로 태어났다. 다방면에 흥미가 있었던 콜모고로프는 수학 분야 중 확률과 위상수학, 난류를 연구했다. 그는 역사 연구와 소련의 교육 개혁을 위해 헌신했으며, 1987년 사망했다.

69

문까지 걸어가기

수학 개념 : 제논의 역설

지금 자리에서 일어나 몇 걸음 걸어보자. 한 지점에서 다른 지점으로 이동하는 간단한 행위도 2,000년 전 엘레아의 제논^{Zeno}에게는 수학적, 철학적 고민의 대상이었다. 제논은 일련의 역설을 공식화한 것으로 유명하다. 우리가 사는 세상에 대한 상식적 개념을 다시 생각해보도록 자극하려 만들어낸 이 역설들은 운동과 시간을 다루기 때문에 무한에 대한 수학적 개념을 담고 있다.

운동에 대한 제논의 첫 번째 역설은 운동이 불가능하다는 주장이다. 당신이 의자에서 문까지 걸어가려 한다고 하자. 그럼 당연히 중간 지점을 거쳐야 한다. 중간 지점에 가려면 먼저 거쳐야 할 지점이 있다. 바로 중간 지점과 출발점 사이의 중간 지점이다(문까지 가는 길의 1/4 지점). 따라서 이 역설은 어떤 거리든 이동하려면 무한히 많은 지점을 통과해야 하고, 무한한 과제를 마무리하기는 불가능하므로 당신은 절대로 문까지 걸어갈 수 없다고 주장한다.

이것을 어떻게 반박해야 할지 분명치 않았기 때문에 이 역설은 수세기 동안 살아남았다. 이 역설은 공간이 무한한 단위로 이루어져 있다는 개념에 바탕을 두고 있으므로, 그런 가정에 문제가 있음을 지적하기 위해 공식화한 역설인 듯하다. 아리스토텔레스는 어느 두 지점 사이의 거리에는 실제로 무한한 지점이 아니라 잠재적으로 무한한 지점이 있을 뿐이라고 지적해 일종의 해법을 제시했다.

최근에 수학자들은 또 다른 해법을 제시했다. 우리가 문까지 이동해야 할 거리는 이런 수렴급수로 표현할 수 있다. 1/2+1/4+1/8+1/16+1/32…. 수학자들은 이 급수의 길이는 무한하지만 결국 1로 수렴한다는 것을 증명했다. 사실 무한히 이어지는 무한히 작은 부분을 모두 더하면 유한한 값이 나온다는 개념이 바로 미적분학의 토대다. 그 덕분에 우리는 곡선 하방 영역의 면적을 계산할 수 있다.

이제 당신은 문까지 걸어갈 때 자신의 걸음 뒤에 남은 수세기 동안의 수학적 추론을 제대로 감상할 수 있을 것이다.

양자 제논 효과 quantum Zeno effect

양자 제논 효과라 알려진 현상에서 과학자들은 원자의 양자역학적 속성에 바탕을 둔 실험을 이용해 원자의 시간을 정지시킬 수 있다. 주어진 시간 안에 특정 횟수만큼 원자를 관찰하면 원자의 붕괴를 막을 수 있는데 이는 사실상 원자를 제논의 화살 역설의 실제 버전에 가둔 것이다. 활을 쏘면 어느 특정 순간에 화살은 자기의 길이와 정확히 일치하는 공간을 차지한다. 그런데 시간은 어떤 길이든 간에 연속적인 순간으로 이루어져 있으므로 화살은 언제나 정지 상태에 있다는 것이 제논의 주장이다. 화살이 움직이는 시간은 결코 존재하지 않는다는 것이다.

70

이메일의 원리

수학 개념 : 엔트로피

가끔 역사의 흐름을 바꾸는 수학자가 한 명씩 나타난다. 클로드 섀넌도 그런 수학자였다. 20세기 중반 벨연구소에서 일했고, 그 후 매사추세츠 공과대학교에서 학생들을 가르쳤던 그는 통신 분야에 관심이 많은 전자공학자이기도 했다. 그의 연구는 정보이론의 창시로 이어졌고, 그 덕분에 디지털 컴퓨터, 인터넷, 콤팩트디스크 등이 탄생할 수 있었다. 그는 이진 숫자binary digit의 줄임말인 비트bit라는 용어를 대중화시키는 데도 기여했다.

섀넌은 매사추세츠 공과대학교 대학원생이었을 때 아날로그 컴퓨터와 전화통신망에 들어 있는 스위칭회로 구조가 불 대수Boolean algebra(77번 참조)의 구조와 비슷하다는 것을 깨달았다. 물리적인 방식으로는 논리값 '참'은 닫힌회로로, 논리값 '거짓'은 열린회로로 나타낼 수 있다. 사실상 섀넌은 논리적 작동방식을 기계 속에 담을 수 있음을 깨달았던 것이다. 이런 개념은 결국 섀넌이 1938년 발표한 〈릴

레이와 스위칭회로의 기호 분석〉이라는 석사학위 논문으로 이어졌다. 이 논문은 20세기 가장 중요한 석사학위 논문으로 불린다.

새넌은 제2차 세계대전 기간 동안 암호해독에 대한 연구를 하다 장거리통신에 흥미를 느꼈다. 그의 생각은 1949년 《통신의 수학적 이론》으로 출판된다. 새넌은 유선으로 장거리 메시지를 전송하는 데 따르는 문제를 검토하고 있었다. 즉, 거리가 멀어질수록 신호 품질이 저하되고 잡음이 증가하는 문제였다. 하지만 메시지에 들어 있는 정보를 0과 1로 이루어진 비트라는 기본 단위로 변환하면 품질이 저하된 메시지를 반대편에서 쉽게 복구할 수 있다. 이 두 숫자를 이용하면 동영상에서 사진, 오디오 파일, 이메일 등 인터넷을 통해 전송할 수 있는 모든 정보가 전송 가능한 것이다. 새넌은 비트를 엔트로피 개념과도 연관 지었다. 그에게 엔트로피란 특정 메시지 안에 들어 있는 정보의 양을 의미한다. 여기 그의 유명한 방정식이 있다.

$$H(X) = -\Sigma p(x) \log p(x)$$

앞으로 이메일을 보낼 때는 클로드 새넌을 한번쯤 생각하자.

암호

암호란 명확하게 정의된 정보부호화 방식을 말한다. 한 가지 예가 치환암호다. 일부 글자를 규칙적인 방식에 따라 다른 글자로 치환하는 방식이다. 일부 치환 암호에서는 다중 알파벳을 사용하기도 한다. 20세기 초반 독일의 이니그마 기계 같은 전기기계식 암호는 사람이 아닌 기계가 치환을 수행했다.

71

SNS 질투의 수학적 뿌리

수학 개념 : 친구 관계의 역설

오늘날 소셜 미디어는 사회의 큰 부분을 차지하고 있다. 당신은 트위터와 페이스북을 동시에 이용할 가능성이 있고, 핀터레스트와 인스타그램도 함께 이용할지도 모르겠다. 그런데 소셜 미디어는 친구, 지인들과 연락을 주고받을 수 있는 장점이 있는 반면, 사용자들의 자부심을 꺾어놓는 역할도 한다는 것이 밝혀졌다. 사람들은 친구들의 네트워크를 돌아보며 해외여행 간 사진, 승진이나 연봉 인상 등을 알리는 '상황 업데이트', 집이나 차를 새로 구입한 사진 등을 접하다보면 자신이 무능하다는 느낌을 받게 된다. 왜 나만 빼고 친구들만 잘나갈까?

이런 느낌은 친구 관계의 역설friendship paradox로 알려진 현상의 좀 더 일반적인 사례다. 1991년 사회학자 스콧 펠드Scott Feld는 소셜 네트워크를 연구했다(당시만 해도 소셜 네트워크가 컴퓨터나 인터넷을 통해 이루어지지 않았다). 그러다 친구들의 네트워크에서 A라는 사람의 친구들은 보통 A보다 친구가 더 많다는 사실을 알았다. 당신의 친구들은 항상 당신보다 친구가 더 많다는 얘기다. 어떻게 그럴 수 있을까? 내가 당신의 친구고 당신이 내 친구라면, 우리는 서로 한 명의 친구가 있다. 친구 관계는 그런 식으로 균형이 맞는 것이 당연해 보인다.

이런 역설이 생기는 까닭은 친구 네트워크의 구조 때문이다. 어떤 네트워크건 일반 사람보다 더 인기가 많은 몇몇 사람이 있기 마련이다. 평균적으로 이들은 그 네트워크 안의 다른 사람들보다 친구가 더 많다. 따라서 네트워크에서 무작위로 고른 한 사람은 인기 많은 사람 중 한 명과 친구일 가능성이 크다. 결국 인기가 많다는 것은 연결된 사람이 많다는 이야기고, 당신은 친구가 둘밖에 없는 사람보다 친구가 40명인 사람과 친구일 가능성이 크다는 말이다. 두 명 중 한 명일 가능성보다 40명 중 한 명일 가능성이 더 높은 것이다. 네트워크 안의 대다수 사람에게 그와 똑같은 원리가 적용된다. 친구 관계의 역설이 생기는 이유는 친구 관계 본래의 속성 때문에, 그리고 어느 정도는 세는 방법 때문에 생긴다.

이런 사실이 소셜 미디어와 무슨 상관일까? 친구 관계의 역설은 직접 얼굴을 맞대고 이루어지는 네트워크에만 적용되는 것이 아니라 전자 네트워크에도 그대로 적용된다. 당신이 트위터에서 팔로우하는 사람이 당신보다 더 많은 팔로어를 거느리고, 당신이 페이스북에서 맺은 친구들은 당신보다 더 많은 친구를 거느릴 확률이 높다.

친구 관계의 역설은 최근 두 과학자의 연구 덕분에 더 확장되었다. 당신의 친구들은 당신보다 더 많은 친구를 거느릴 뿐 아니라 당신보다 돈도 더 많고 더 행복할 가능성이 크다. 프랑스 툴루즈 대학교의 엄영호와 핀란드 알토 대학교의 조항현은 과학자들의 네트워크를 분석했다. 연구논문을 함께 쓴 과학자들을 서로 연결해 구성한 네트워크다. 엄영호와 조항현은 특정 학술 네트워크에서 과학자 A와 연결된 사람들은 A보다 더 많은 공동저자와 연결되어 있음을 밝혀냈다. 그리고 A와 연결된 사람들은 A보다 논문 인용도 많이 되고, 발표 논문도 더 많은 것으로 밝혀졌다. 네트워크가 가진 이런 종류의 수학적 특성을 연구한 엄영호와 조항현은 한 네트워크에서 역설이 발생하는 경우, 그 역설이 한 가지 이상의 속성에 적용된다는 것을 알게 되었다. 어떤 기준을 충족시키기만 하면 그저 연결된 사람의 숫자나 논문 인용 횟수 등에 국한되지 않고 다른 속성에도 적용된다는 것이다. 부유함이나 행복도 그런 기준을 충족한다.

그러니 소셜 미디어를 둘러보다가 자기가 못났다는 생각이 들면 다른 사람들도 대부분 똑같은 기분을 느끼고 있다는 것을 기억하자.

표집 편향

친구 관계의 역설은 표집 편향의 한 예다. 당신의 친구 집합은 애초에 친구를 거느리고 있는 사람들로 편향되어 있기 때문에 그 친구들은 당신보다 더 많은 친구를 거느릴 가능성이 크다. 이렇게 모집된 표본은 당신이 연구를 위해 표본을 선택한 방식 때문에도 어떤 특성을 띨 가능성이 더 크다. 또 다른 사례로 소위 혈거인 효과caveman effect라는 것이 있다. 동굴 속에서 초기 인류의 흔적이 여럿 발견되었기 때문에 우리 선조들은 주로 동굴에 살았다고 결론 내리기 쉽다. 하지만 초기 인류가 동굴 밖에 남긴 흔적들은 오랜 세월에 걸쳐 씻겨갔을 가능성이 크다. 동굴 유적이라는 표본 때문에 결론이 왜곡되는 것이다.

72

음악 좀 들어볼래?

수학 개념 : 푸리에 변환

아이팟^{iPod}과 수학이 강력한 상관관계가 있는 줄 누가 알았을까? 컴퓨터에 노래를 다운로드 받을 때나 MP3 플레이어로 디지털 음악 파일을 재생할 때 당신은 푸리에 변환$^{Fourier\ transform}$이라는 수학 방정식을 이용하는 것이다.

푸리에 변환은 일종의 도구로 생각하면 된다. 한마디로 복잡한 파동을 여러 개의 단순한 파동으로 분리하고, 분리된 단순한 파동을 결합해 복잡한 파동으로 복원하는 역할을 한다. 이와 같은 변환은 소리와 빛을 비롯한 어떤 종류의 파동에도 적용 가능하다. 오디오 레코딩을 MP3 파일로 변환하고자 하면 음향기사들은 푸리에 변환을 이용해 음파의 개별 주파수를 얻어낸 다음 매 순간의 진폭을 기록한다. 그리고 인터넷으로 전송하기 쉽게 파일을 압축하고 싶으면 여기서 인간의 귀에 들리지 않는 주파수를 제거할 수 있다. 반면 LP판에 새겨진 소리에는 모든 주파수가 온전히 담겨 있다.

인간의 귀 역시 일종의 푸리에 변환을 수행하고 있다. 한순간 복잡한 음파가 귀로 들어와 고막을 진동시키면 뇌가 분석하고 해석할 수 있는 전기 파동이 만들어진다. 그 순간 당신은 그 음파뿐 아니라 누군가가 휴대폰으로 통화하는 소리, 버스가 빵빵거리는 소리, 나무 사이를 날며 짹짹거리는 새소리도 함께 듣는다. 하지만 그 음파는 구성요소들로 분리되어 있기 때문에 당신은 개별 주파수와 소리를 알아듣고 이 세상과 더 나은 상호작용을 하는 것이다.

푸리에 변환은 건축에도 등장한다. 특히 지진이 자주 일어나는 지역에 자주 등장한다. 다른 사물과 마찬가지로 마을과 도시에 세워진 각 건축물도 자기 고유의 주파수로 진동한다. 지진이 일어난 도시에 자리잡은 건물이 있다고 하자. 지진에 의해 야기된 진동이 건물의 고유 주파수와 맞아떨어지면 진동이 증폭되어 건물이 손상될 가능성이 커진다(진동의 주파수와 강도는 서로 다른 측정치다). 이런 손상을 막기 위해 공학자들은 푸리에 변환을 이용해 해당 지역에서 전형적으로 일어나는 지진의 개별 주파수를 분석한다. 그리고 건물의 주파수가 그 지역에 일어나는 지진의 주파수와 맞아떨어지지 않게 건물을 '조율'한다. 말 그대로 수학이 도시가 무너지지 않게 막아주는 것이다.

푸리에 변환이라는 명칭은 1768년부터 1830년까지 살았던 프랑스 수학자 장 바티스트 조제프 푸리에의 이름을 따서 지어졌다. 그는 고체 사이에서의 열 이동에 대한 연구를 하는 과정에 이 방정식을 개발했다.

73

지도 제작에 필요한 색깔 수

수학 개념 : 4색정리

당신이 구글 지도 애호가든 전통적인 종이 지도 애호가든 간에 지도는 어디에나 있다. 지도는 유용하고, 가끔 접는 데 곤란을 겪기도 하지만 대단히 편리하다. 그리고 예쁠 때도 많다. 중세 시대의 지도를 보면 지도 제작에 들어간 예술적 기교를 알 수 있다. 지도는 수학에서 잘 알려진 개념인 4색정리를 탄생시킨 원천이기도 하다.

영국의 수학 연구생 프랜시스 거스리Francis Guthrie는 1852년 영국 국가들의 지도를 색칠하다가 이 문제를 처음 제안했다. 지도 색칠하기에 4가지 색이면 충분하다는 것을 깨달은 그는 똑같은 규칙을 모든 지도, 심지어 아직 나오지 않은 지도에도 적용할 수 있는지 궁금했다. 좀 더 구체적으로 말하면, 국가와 도, 시 등 서로 접하는 두 영역이 같은 색을 띠지 않게 지도를 완성하려면 4가지보다 많은 색이 필요한지 궁금했다(경계를 함께 공유하는 두 영역은 접하는 것으로 보지만, 미국 유타 주와 뉴멕시코 주처럼 모서리만 닿은 경우는 접하지 않은 것으로

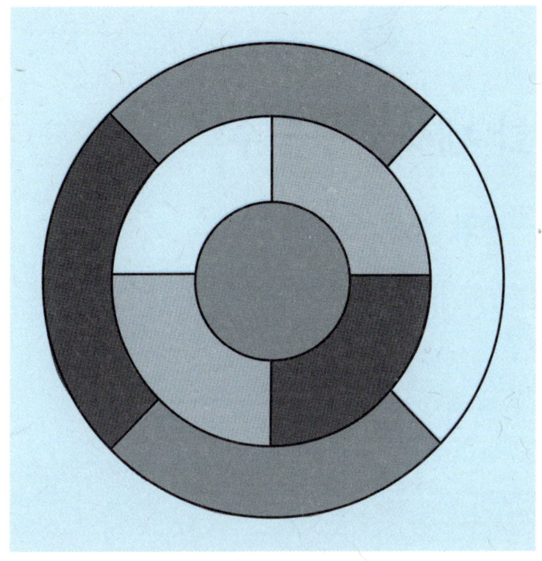

그림60 지도를 구분해 그
리려면 4가지 색
만으로 충분하다.

본다). 이 문제는 거스리가 제기하고 124년이 지난 1976년에 가서야 일리노이 대학교 어바나샴페인 캠퍼스의 수학자 케니스 어펠Kenneth Appel과 볼프강 하켄Wolfgang Haken이 증명했다. 이 증명은 대단히 중요한 성과였는데도 수학계에 논란을 불러일으켰다. 컴퓨터를 사용해 증명이 이루어졌기 때문이다.

독일 수학자 헤르베르트 그뢰치는 4색정리의 확장에 해당하는 증명을 선보였다. 그뢰치의 정리에 따르면 평면 그래프에서는 삼각형이 없는 한(세 꼭짓점을 갖는 점이 없는 한) 세 가지 색깔만 있으면 똑같은 결과를 얻을 수 있다.

74

영화 제작을 돕는 수학

수학 개념 : 알고리즘

지난 수십 년 동안 컴퓨터 애니메이션 분야는 엄청나게 발전했고, 그 과정에서 애니메이션 제작사 픽사^{Pixar}는 중요한 역할을 했다. 컴퓨터는 수학을 바탕으로 만들어진 명령을 따를 뿐이다. 그래서 애니메이션 제작자들은 영화 〈메리다와 마법의 숲^{Brave}〉에서 메리다의 곱슬머리 모양과 움직임을 묘사하는 등 새로운 도전 과제에 부딪히면 수학에서 도움을 구한다.

픽사는 명령의 집합인 알고리즘을 이용해 복잡한 물체와 행동을 모델링하는데, 메리다의 곱슬머리를 모델링하려면 완전히 새로운 명령 집합이 필요하다는 것을 알았다. 메리다의 곱슬머리는 10만 개의 서로 다른 요소로 구성되었기 때문이다. 이 문제가 얼마나 어려운 것이냐고? 조합론의 법칙에 따르면 요소가 n개 있을 때 이 요소들이 충돌하는 방식은 n^2가지가 존재한다. 따라서 메리다의 머리카락 요소들이 상호작용하는 방식은 모두 100억 가지가 넘는다.

픽사는 날카로운 가장자리를 부드럽게 만드는 수학적 기법도 개발했다. 피부나 옷의 매끄러운 윤곽을 묘사할 때 대단히 중요한 기법이다. 컴퓨터 애니메이션 제작자들은 적어도 3개의 변을 갖는 다각형을 이용해 3차원 형태를 구축하는데, 이렇게 만든 물체는 마치 블록으로 만든 것처럼 각진 주름이 잡혀 있다. 이때 '분할' 과정을 이용하면 각 모서리의 중간점을 찾아 평균을 낼 수 있다. 이 과정을 여러 번 반복하면 블록으로 만든 것처럼 날카로운 이미지가 실물과 같은 곡선 이미지로 바뀐다. 직선이 포물선이 되면서 픽사만의 특징적인 화면이 만들어지는 것이다.

〈토이 스토리 2〉

픽사의 애니메이션 제작자와 기술자들은 똑똑해서 등장인물들을 더 멋지게 그려낼지 모르나, 픽사의 최고 히트작 중 하나인 〈토이 스토리 2〉를 부주의로 자칫하면 잃어버릴 뻔했다. 1999년 작인 이 영화는 미국 영화정보 사이트 로튼토마토에서 100%의 완벽한 점수를 받고, 골든글로브 장편애니메이션 상까지 받은 유명한 작품이다. 하지만 누군가가 픽사의 컴퓨터에서 실수로 파일을 삭제해 버리는 바람에 이 영화는 세상의 빛을 못 볼 뻔했다. 파일을 항상 백업하는 것이 얼마나 중요한지 친절하게 상기시켜주는 좋은 예다.

캔디 크러시 사가

수학 개념 : 컴퓨터 프로그래밍

지난 몇 년 동안 수학자들은 페이스북과 모바일 기기에서 가장 인기 있는 게임이 사실은 수학 세계에서 가장 어려운 문제에 속한다는 것을 알았다. 수학의 권위자들은 캔디 크러시 사가Candy Crush Saga 게임

그림61 NP 문제에 속하는 캔디 크러시 사가

이 소위 NP 문제(미정다항 문제)라는 사실을 증명했다. 답이 옳은지 입증하기는 쉽지만, 그것을 간단히 직접적으로 풀 방법은 존재하지 않는 게임이라는 얘기다. NP 문제는 신속한 풀이가 가능한 P 문제와는 다르다.

컴퓨터 과학자와 수학자들은 P 문제와 NP 문제가 근본적으로 같은 것인지 최종적인 판단을 내리고 싶어한다. 즉, 맞았는지 틀렸는지 쉽게 입증 가능한 문제가 쉽게 풀 수 있는 문제이기도 한지 결정하고 싶은 것이다. 클레이 수학연구소는 P 대 NP 문제를 밀레니엄 문제로 선정했다. P=NP의 성립 여부를 밝히는 사람은 누구든 백만 달러의 상금을 받게 된다.

요즘 페이스북과 모바일 기기에서 가장 인기 있는 게임에 속하는 캔디 크러시 사가에는 노란색 레몬 사탕과 빨간색 젤리빈 등등 색깔이 다른 사탕이 있는 놀이판이 등장한다. 게임하는 사람은 사탕을 수평 또는 수직으로 이동해 똑같은 캔디가 세 개 모이게 만들어야 한다.

76

카이사르의 마지막 호흡

수학 개념 : 확률

수학은 인간 경험의 기본적인 측면을 밝혀주는데, 그중에는 이따금씩 기절초풍할 만한 측면도 있다. 예를 들어, 수천 년 전에 살았던 사람이 죽는 순간에 내뱉은 공기 분자를 당신이 지금 막 들이마셨을 확률이 얼마나 될까? 수학은 이 질문에 답을 줄 수 있다. 그것도 놀랄 만큼 정확하게 말이다. 이것이 어떻게 가능할까?

이 문제와 해답은 필라델피아 템플 대학교 수학 교수 존 앨런 파울로스John Allen Paulos의 저서 《숫자에 약한 사람들을 위한 우아한 생존 매뉴얼》에 나와 있다. 이 책에서 파울로스는 카이사르가 브루투스의 칼에 찔려 죽는 순간 내뱉은 공기 분자를 지금 이 순간 당신이 들이마셨는지 판단할 수 있느냐고 묻고 있다. 당신이 다음의 전제조건만 받아들인다면 그 확률은 놀랍게도 99% 이상인 것으로 밝혀졌다!

1. 카이사르가 내뱉은 공기 분자들이 지구 대기 전체에 균일하게

퍼져 있다고 가정한다(그가 죽은 지 2,000년 이상 지났으니 말이다).

2. 그 분자들 대부분이 다른 분자에 묶여 있지 않고 자유롭게 떠돌아다니고 있다고 가정한다.

이런 전제 아래, 대기 중에 G(어떤 숫자)개의 분자가 존재한다고 하자. 그중 카이사르가 Z(다른 숫자)개의 분자를 내뱉었다고 하자. 그럼 당신이 방금 그 분자 중 하나를 들이마셨을 확률은 Z/G다. 확률은 언제나 1 이하이기 때문에 당신이 들이마시지 않았을 확률은 1-Z/G가 된다. 이제 당신이 방금 분자 세 개를 들이마셨다고 하자. 세 분자 모두 카이사르가 내뱉은 분자가 아닐 확률은 곱의 원리에 의해 $(1-Z/G)^3$이 된다. 물론 이 원리는 어떤 수에도 적용되므로 좀 더 일반화시키면, 당신이 방금 T개의 분자를 들이마셨을 경우 그 분자들 모두 카이사르가 내뱉은 분자가 아닐 확률은 $(1-Z/G)^T$이 된다.

따라서 당신이 카이사르가 내뱉은 공기 분자 중 적어도 하나를 들이마셨을 확률은 $1-(1-Z/G)^T$으로 나타낼 수 있다. 파울로스는 Z와 T는 둘 다 대략 2.2×10^{22}이고, G는 대략 10^{44}으로 계산했기 때문에 그 확률은 대략 99%가 나온다. 놀라울 따름이다.

카이사르의 호흡 계산에서 우리는 일련의 근거 있는 가정을 세웠다. 가정은 수학에서 아주 큰 역할을 담당한다. 예를 들어 유클리드는 자신의 기하학적 추론을 다섯 공준을 바탕으로 전개했다. '임의의 두 점을 지나는 직선을 그릴 수 있다.', '모든 직각은 같다.' 등이 그 공준이다.

77

삼단논법에서 시작된 컴퓨터

수학 개념 : 불 대수

요즘은 컴퓨터가 없는 곳이 없다. 주머니 속 스마트폰에서 가방에 있는 노트북, 온라인 상품 구매를 처리하는 아마존 사이트의 대형 서버 컴퓨터에 이르기까지 컴퓨터는 일상생활의 구석구석으로 스며들었다. 그런데 컴퓨터는 정확히 어떻게 작동할까? 컴퓨터 케이스 안에 있는 금속 부품들이 무슨 일을 하기에 인터넷을 구경할 수 있고, 친구와 사진을 공유할 수 있고, 덧셈과 뺄셈이 가능한 걸까?

그 해답은 수학에 뿌리를 두고 있다. 컴퓨터 회로는 1815년에서 1864년까지 살았던 영국 수학자 조지 불George Boole이 윤곽을 그린 원칙에 따라 만들어졌다. 불은 대수학적 방법론을 논리학에 적용해 유명해졌다. 논리학은 전제를 바탕으로 결론을 이끌어내는 규칙에 초점을 맞춘 학문 분야다. 고대 그리스 철학자 소크라테스는 논증의 전형적 사례를 예시했다. 논증이란 추론과 결합해 주장을 확립하는 진술의 집합을 말한다.

모든 사람은 죽는다.

소크라테스는 사람이다.

따라서 소크라테스는 죽는다.

삼단논법이라 알려진 이런 논증이 흥미로운 이유는 첫 두 진술이 참인 경우 세 번째 진술은 반드시 참이기 때문이다. 그리고 꼭 '사람', '죽는다', '소크라테스'만 쓰란 법도 없다. 이런 단어를 다른 무엇으로 대치해도 상관없다. 여기 다른 버전을 소개한다.

모든 새는 날개가 있다.

큰부리새는 새다.

따라서 큰부리새는 날개가 있다.

논리는 사람, 큰부리새 같은 간단한 명사 말고 복잡한 단어에도 적용할 수 있다. 논리는 참 또는 거짓인 명제도 다룰 수 있다. 그리고 이런 진술들을 '그리고and(논리곱)', '또는or(논리합)', '아닌not(부정)' 등의 단어를 이용해 결합할 수도 있다. 이렇게 결합해 나온 진술은 그 자체의 진리값을 가진다. 명제의 예를 몇 가지 살펴보자.

현재 프랑스에는 왕이 있다.

개는 물속에서 숨을 쉴 수 있다.

교통신호등에 빨간 불이 들어오면 차가 멈춰야 한다.

처음 두 명제는 거짓이고, 세 번째 명제는 참이다. 이번에는 명제들을 결합한 예를 살펴보자.

태양은 밝게 빛나고, 소들은 언덕에서 풀을 뜯고 있다.

비가 내리고 있거나, 눈이 내리고 있다.

자동차는 움직이고, 그 바퀴는 돌아가고 있다.

이제 각각의 예를 분해해보자.

- 첫 번째 결합의 경우, 태양의 명제와 소의 명제가 둘 다 참이면 그 결합 역시 참이다. 작은 명제 어느 하나라도 거짓이면(당연한 얘기지만 둘 다 거짓이면) 전체 결합 역시 거짓이다.
- 두 번째 예는 비의 명제나 눈의 명제 중 하나만 참이면 결합된

전체 명제 역시 참이다.

- 세 번째 예는 작은 명제 둘 모두가 참이라야 결합된 명제 역시 참이 된다. 둘 중 하나라도 거짓이면 전체가 거짓이 된다.

불이 혁신적이었던 점은 수학에서 일반적으로 사용하는 기호를 이용해 명제논리 논증을 표현할 수 있음을 알아차린 것이다. 위에 나온 태양의 명제를 X, 소의 명제를 Y라 표현하면 명제들을 더해서 진리값을 얻을 수 있다. 진리값이 1이면 참이고, 0이면 거짓이다.

'논리곱', '논리합', '부정' 등의 연산은 그저 추상적 개념에 불과한 것이 아니다. 20세기 공학자들은 논리 게이트로 알려진 구체적이고 물리적인 방식을 이용해 이것을 표현하는 법을 배웠다. 이 게이트들은 결국 트랜지스터와 컴퓨터 칩에 포함되었고, 오늘날 컴퓨터에서 이루어지는 기본 계산의 밑바탕이 되었다. 컴퓨터 계산은 특정 전기적 상황이 '참'인가 '거짓'인가를 바탕으로 실행된다. 따라서 멋진 컴퓨터 화면 아래에는 수학의 심장이 고동치고 있는 셈이다.

역사가들은 조지 불이 어렸을 때 라틴어를 독학으로 공부했다고 주장한다. 나중에 그는 퀸즈 칼리지 과학부 학장이 되었고, 메리 에베레스트('에베레스트산' 이름의 유래가 된 조지 에베레스트George Everest의 조카딸)와 결혼했다.

생일 친구의 수학

수학 개념 : 확률

가끔 수학은 불가능해 보이지만 실제로 참인 세상사를 드러내 보여준다. 그 예로 생일 역설birthday paradox을 생각해보자. 사람을 여러 명 모아놓았을 때 생일이 같은 사람이 둘일 확률이 얼마나 된다고 생각하는가? 언뜻 보기에 높지 않을 것 같다. 1년은 365일이니까. 무작위로 모은 집단에 같은 날 태어난 두 사람이 있을 가능성은 낮아 보인다.

그런데 그렇지 않다. 한 집단 안에서 두 사람의 생일이 같을 확률은 당신 예상보다 높다. 사실 23명만 모여도 그 확률은 대략 50%다. 어떻게 그럴 수 있을까? 내가 그 집단에 속해 있다면 나와 생일이 같을 가능성이 있는 사람은 22명이다. 22번의 기회밖에 없는데 그렇게 높은 확률이 나올까? 당신만 다른 사람들과 비교하는 것이 아님을 명심하라! 나머지 사람들도 자기 생일을 남들과 비교한다. 따라서 당신의 생일과 비교하는 22번 말고도 훨씬 많은 비교가 이루어진다.

비교가 어떻게 이루어지는지 보기 위해 23명을 한 줄로 꿰어놓은 각각의 점이라 하자. 가능하면 종이와 연필을 꺼내 그림으로 그려보자. 첫 점에서 나머지 다른 점으로 각각 선을 그어 1번과의 생일 비교를 나타낸다. 이제 같은 과정을 2번을 대상으로 진행한다. 2번에서 1번으로 긋는 선은 이미 1번에서 2번으로 그은 선이 있기 때문에 중복을 피한다. 따라서 2번을 대상으로 진행하는 비교는 1번보다 한 번이 적은 21번이다. 이런 과정이 이어지면 3번은 비교 회수가 20번이다. 따라서 총 비교 회수는 22번이 아니라 22+21+20+19…이 된다. 이것을 계산하면 253이 나온다.

이 대목에서, 수학적 사고에서 한몫할 때가 많은 한 가지 원칙이 등장한다. 무엇이 참임을 밝히려면 그 반대가 거짓임을 증명하는 것이 종종 도움이 된다는 원칙이다. 그럼 23명 중 생일이 같은 두 사

그림63 한 집단에서 두 사람의 생일이 같을 확률은 비교적 높다.

람이 없을 확률을 알아낼 수 있을까? 사람의 생일은 365일 중 하루다. 윤년에 등장하는 2월 29일은 빼고 생각하자. 따라서 어느 두 사람이 생일이 다를 확률은 364/365다. 첫 번째 사람의 생일과 다른 날짜가 364일 존재하니까. 그럼 어느 두 사람의 생일이 다를 확률은 99.726027%다.

이 방법을 23명에게 적용해보자. 각각의 비교에서 생일이 같지 않을 확률은 99.726027%다. 우리 집단은 총 253번의 비교가 가능함을 기억하자. 그럼 이 집단에서 어느 두 사람도 생일이 같지 않을 전체 확률은 99.726027%×99.726027%×99.726027%⋯ 이런 식으로 253번을 곱하면 나온다(간단하게 적으면 0.99726027^{253}). 그럼 49.952%라는 확률이 나온다. 이것은 이 집단에서 어느 두 사람도 생일이 같지 않을 확률이므로, 이 집단에서 생일이 같은 두 사람이 있을 확률은 1에서 그 값을 뺀 50.048%다.

다음에 사람이 많이 모인 자리에 가면 생일을 비교해보고 어떤 결과가 나오는지 확인해보자!

미국공영방송(NPR)의 자료분석 기자 맷 스틸스Matt Stiles에 따르면 만 14세에서 40세 사이의 미국인에게 가장 인기 있는 생일은 9월 16일이라고 한다. 가장 흔한 생월은 7월과 9월이다. 가장 드문 생일은 2월 29일, 그다음이 12월 25일이다.

79

종 연주와 수학

수학 개념 : 순열

종소리를 들으면 예배시간과 대학 교정, 중세의 마을 광장, 매년 크리스마스가 다가올 때마다 텔레비전에 나오는 허시의 키세스 초콜릿 광고가 떠오른다. 어떤 종소리는 수학, 특히 순열과 관계가 깊다. 순열이란 각 배열의 순서가 중요할 때 주어진 사물 집합의 순서를 재배치하는 것을 의미한다.

고유의 수학이 담겨 있는 다양한 종 연주법을 체인지 링잉이라 한다. 여러 사람이 참여하는 일종의 단체활동으로, 여기에 참여하는 각각의 사람은 특정 종을 연주하도록 임무가 주어진다. 종의 수는 보통 6~8개지만 16개나 될 때도 있다. 영화에서 성대한 결혼식이나 왕의 대관식 이후 들리는 웅장한 종 연주가 바로 이런 종류다. 보통 음이 제일 높은 종을 트레블treble이라 하고, 제일 낮은 종을 테너tenor라고 한다. 종을 어떻게 모아 연주하든 트레블이 1번 종이 되고, 그 이후 종에는 그보다 높은 숫자가 배정된다. 종의 수가 모두 네 개면 테너는 4

번 종이 된다.

체인지 링잉에서는 모든 종이 로^{row} 또는 체인지^{change}라는 특정 순서대로 연주된다. 여기서는 종이 로당 한 번 넘게 울리는 일이 없도록 순서를 짠다. 그리고 로가 변화하는 동안 어느 로에서든 각기 종의 위치는 한 자리만 바뀔 수 있다. 따라서 종 연주자들은 1, 2, 3, 4라는 순서로 종을 울리기 시작해 다음에는 2, 1, 4, 3, 그다음에는 2, 4, 1, 3 등으로 연주를 이어갈 수 있다. 각각의 순서를 다시 반복할 수는 없다. 종 연주가 마무리되면 연주자들은 다시 1, 2, 3, 4로 돌아온다. 북아메리카 지역에 사는 사람이나 체인지 링잉 연주를 직접 들어보고 싶은 사람은 북아메리카 체인지 링잉 연주자조합 사이트(www.nagcr.org)를 방문해보기 바란다.

카리용 Carillon

체인지 링잉은 카리용 등의 종 연주와는 다르다. 카리용은 연주자가 의자나 벤치에 앉아 피아노 건반처럼 배열된 레버들을 눌러 연주한다. 종이 77개 연결된 세계 최대 카리용은 미국 미시건 주 커크인더힐스 장로교회에 설치되어 있다.

80

통계학으로 할 수 있는 일

수학 개념 : 베이즈 통계학

대학생을 붙잡고 수학 분야에서 가장 따분하고 지루하고 시간 낭비라고 생각하는 게 뭐냐고 물어보면 통계학을 꼽는 사람이 많다. 통계학이라는 말만 들어도 계산기와 무미건조한 숫자들이 가득 쌓인 책상 이미지가 떠오른다. 적어도 우리 머리에 떠오르는 통계학의 고정관념이 그렇다. 그런데 통계학이 지루함과 거리가 멀다면 어떨까?

베이즈 통계Bayesian statistics에 대해 얘기하면 당신도 고개를 끄덕일 것이다. 베이즈 통계학은 1700년대에 영국에서 살았던 장로교 목사 토머스 베이즈Thomas Bayes가 도입한 분야다. 당신이 좀 더 익숙한 통계학은 빈도통계학이라 한다. 블랙잭 카드놀이를 하는데 9와 K를 패로 받았다면, 다음 카드에서 블랙잭이 나올 확률은 빈도통계학을 통해 알수 있다(블랙잭은 카드의 합이 21점이 나오거나 21점에 가장 가까운 사람이 이기는 게임으로 10, J, Q, K는 10점으로 친다).

반면 베이즈 통계학은 새로운 정보가 들어올 때마다 확률을 계속 수정한다. 블랙잭 게임의 경우라면, 당신은 그저 순진하게 3이 나올 확률만 고려하지는 않을 것이다. 이미 나온 카드가 뭔지, 딜러의 솜씨는 어느 정도인지도 고려해야 한다. 이렇게 새로운 정보가 들어올 때마다 결과에 대한 확률을 계속 수정해가는 것이다.

베이즈 통계학은 카드 게임에서 이기는 패를 받을 확률을 계산하는 것보다 더 많은 일을 할 수 있다. 사람 목숨도 구할 수 있다. 한 가지 예로 2013년 롱아일랜드 바닷가에서 바닷가재를 잡다가 배에서 떨어진 어부 존 앨드리지의 위치를 파악하는 데도 사용되었다. 그는 대서양 망망대해에서 실종됐지만, 연안경비대는 해당 지역의 해류와 구조용 헬리콥터가 이미 이동한 경로를 함께 고려한 결과 어부가 발견될 가능성이 있는 범위를 좁힐 수 있었다. 연안경비대는 앨드리지가 배에서 떨어졌을 가능성이 가장 큰 시간을 추정해냈고, 그들이 사용하는 컴퓨터 프로그램 SAROPS가 풍향과 해류를 분석해 그가 있을 가능성이 가장 큰 위치를 분석해냈다. 그리고 마침내 12시간 동안 물 위에 떠 있던 그를 찾아냈다.

베이즈 추론

해가 뜨는 것을 목격하는 신생아는 베이즈 추론의 전형적인 예다. 매일 아침 일출을 구경하는 아기는 해가 아침에 뜬다는 증거를 더욱더 많이 축적하고, 따라서 앞으로도 해가 아침에 뜬다고 믿는다. 새로운 관찰을 통해 갱신되는 정보가 일출을 예상할 때 고려할 요소로 포함되는 것이다.

81

투수 방어율

수학 개념 : 통계학

야구만큼 수학이 자주 등장하는 스포츠는 없을 것이다. 타격에서 수비, 투구에 이르기까지 통계는 야구의 전 과정에 스며들어 있다. 진지하게 야구를 연구하는 학자라면 적어도 수에 대한 기초적인 지식은 갖춰야 한다. 그런데 사람들은 이런 수치를 도대체 어떻게 계산할까?

투수 방어율에 대해 알아보자. 이 통계치는 투수에게만 적용하는 것으로, 투수가 얼마나 경기를 잘했는지 파악하려고 만든 수치다. 야구 초창기에는 구원투수라는 개념이 없어서 처음에 경기를 시작한 투수가 끝까지 마무리해야 했다. 그래서 투수가 얼마나 효과적으로 타자를 아웃시켰는지, 적어도 진루를 막았는지 알아보려면 그 투수가 얼마나 많은 경기에서 승리를 거두었는지 살펴보면 됐다. 그런데 구원투수라는 개념이 등장하자 경기 결과가 한 명 이상의 투수에 의해 좌우되기 시작했고, 승리한 경기와 패배한 경기의 총 숫자만으로는 특정 투수의 능력을 정확히 파악하기가 어려웠다.

투수 방어율이 이 문제를 해결했다. 이 수치는 경기 전체가 아니라 이닝에 초점을 맞춘다. 투수 방어율을 계산하려면 한 투수가 실점한 점수를 모두 합한 다음 그 투수가 던진 이닝 수로 나눈다(여기서는 투수의 잘못으로 인한 실점만 계산하고 다른 선수의 에러로 야기된 실점은 포함하지 않는다). 여기에 한 게임당 이닝 수인 9를 곱하면 된다. 예를 들어 한 투수가 90이닝에 걸쳐 30점을 실점했으면 방어율은 3.00이 나온다.

어느 정도의 방어율을 좋은 성적으로 치는지는 야구 역사 내내 바뀌어왔지만, 어쨌거나 방어율은 낮을수록 좋다. 1900년대 초반에는 방어율이 2 미만이어야 좋은 투수 대접을 받았지만, 요즘에는 4 미만만 돼도 꽤 괜찮은 성적으로 인정받는다.

클레이튼 커쇼 Clayton Kershaw

미국 메이저리그에서 활약하고 있는 LA 다저스의 투수 클레이튼 커쇼는 2011년부터 2014년까지 가장 낮은 투수 방어율을 기록했다. 그중 가장 좋은 방어율은 2014년 기록한 1.77이다. 메이저리그 야구 역사상 가장 낮은 방어율을 기록한 사람은 트로이 트로전스(샌프란시스코 자이언츠의 전신)의 팀 키프Tim Keefe로 1880년 시즌에 0.86을 기록했다.

82

박테리아의 분열

수학 개념 : 분열

인간 삶에서 죽음과 세금보다 확실한 것은 없다. 여기에 하나 더 추가하면 박테리아의 존재랄까? 이 작은 유기체는 어디에나 살고 있다. 모든 대륙, 모든 환경, 심지어 우리 내장 속에도 살면서 음식의 소화를 돕는다. 박테리아는 너무 작아서 연구를 하려면 현미경이 필요하지만, 수학 또한 없어서는 안 되는 중요한 도구다. 수학은 박테리아 생활 주기에 담긴 여러 측면들을 더 분명히 밝혀 인간의 건강 증진에도 기여하고 있다.

인간의 DNA와 달리 박테리아의 유전물질은 이중나선구조로 조직되어 있지 않다. 그 대신 원 형태를 하고 있다. 박테리아 세포가 딸세포 두 개로 분열해 증식할 때 그 안에 담긴 DNA도 둘로 분열된다. 분열 과정에서 DNA가 얽혔다 풀리고, 매듭이 지어졌다 풀리면서 새로운 원형 DNA 두 개가 만들어지는 것이다. 이 복제 메커니즘의 정확한 작동원리를 파악하는 것이 생물학자들에게 오랜 난제였는데, 어

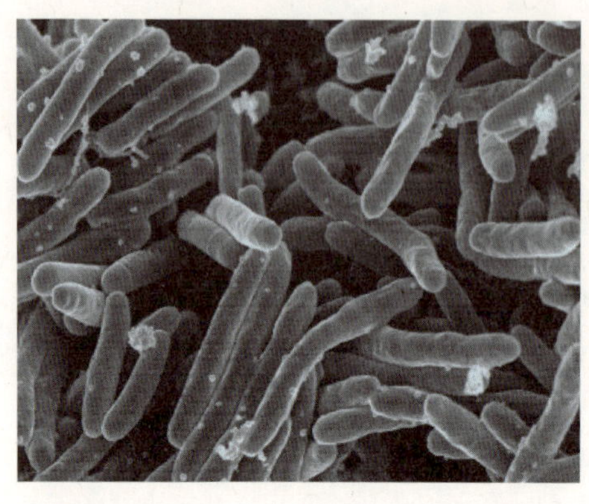

그림64 DNA 복제 메커니즘은 수학으로 발견될 수 있다.

쩌면 수학자들이 생물학자들을 구원할 수 있을지도 모르겠다.

얽힘 분석*tangle analysis*이라는 수학적 도구를 이용한 연구자들은 화학 반응을 개시하고 멈추는 분자인 효소가 원형 DNA를 어떻게 연결하고 푸는지, 그 분자들이 어떤 형태를 취하는지 등을 더 잘 이해할 수 있었다. 과학자들은 실험을 통해 그런 과정에 대해 감을 잡았지만 구체적인 단계까지 밝혀내지 못했다.

과학자들이 박테리아 번식 방법을 잘 이해할수록 새로운 세대의 항생제 제조도 그만큼 더 앞당겨진다. 나중에 몸이 아플 때 약을 먹고 빨리 회복한다면 그건 과학이 아니라 수학 덕분인지도 모른다!

미생물

과학자들은 우리 몸속 미생물에 대해, 그리고 우리가 어떻게 미생물 덕에 살아남았는지 꾸준히 연구하고 있다. 인간의 몸에는 세포가 약 100조 개 있지만 그 중 우리 몸을 구성하는 세포는 10%에 불과하다고 추정하고 있다. 나머지는 박테리아와 바이러스, 다른 미생물들이다.

83

아스트롤라베

수학 개념 : 평사도법

평사도법은 벽지도에만 쓰이는 것이 아니다(28번 참조). 이것은 수백 년에 걸쳐 인기를 끌어온 천체 관측기구인 아스트롤라베의 밑바탕이 되기도 했다. 직경이 적어도 15cm쯤 되는 아스트롤라베는 황동으로 만들 때가 많다. 항해사들은 이것을 일종의 휴대용 컴퓨터처럼 사용해 밤낮의 시간, 수평선 위로 뜬 천체의 고도, 해가 뜨고 지는 시간, 관찰자 위도 등을 계산했다. 아스트롤라베는 점성술 계산을 하는 데도 사용되었다(천문학은 수백 년 동안 점성술과 연관되어 있었다).

아스트롤라베는 가장 오래된 과학기기에 속한다. 고대 그리스 시대에도 알려져 있었고, 중세 시대에는 이슬람권에서 아스트롤라베 기술을 보존했다. 사실 이 기기는 르네상스 시대를 거쳐 1700년대까지 쓰이다가 그 후 육분의에 자리를 내주었다. 아스트롤라베는 가상 수평선에 의존해야 했던 반면, 육분의는 거울이 달려 지구의 실제 수평선을 바탕으로 계산하는 장점이 있다.

아스트롤라베를 이용하면 복잡한 계산도 가능한데, 이것을 구성하는 부품은 몇 개 되지 않는다.

- 마테르mater는 모든 부품을 고정해주는 원형 금속 틀이다.
- 클리마테climate는 선이 새겨진 금속판으로 마테르에 꼭 맞는 크기로 제작되었다. 아스트롤라베 사용자가 지구 어느 곳에 위치하느냐에 따라 다른 클리마테가 마테르에 장착된다.
- 레테rete는 클리마테 위에 고정시켰고, 사용자가 그 아래 있는 클리마테를 볼 수 있게 도려낸 부분이 있다. 레테에는 클리마테의 중요한 특징들을 가리키는 표식도 포함되어 있다.
- 아스트롤라베에는 조준의alidade도 포함되어 천체 고도를 알아내

는 데 도움을 준다.
- 아스트롤라베는 꼭대기 가장자리에 고리가 달려 계산을 도와주
  는 줄을 매달아놓을 수 있다.

평사도법은 클리마테에서 볼 수 있다. 각각의 클리마테에는 마치 접기가 가능한 지구의를 접시 위에 납작하게 펴놓은 것처럼 지구의 위선에 대응하는 선들이 새겨져 있다. 어떤 클리마테에는 시간 선, 방위각 선, 등고도선 등 지도의 다른 특징들을 대신하는 선이 포함되어 있다. 평사도법은 한마디로 점성술이 말하는 자신의 운명을 파악하는 일뿐 아니라 바다를 항해하는 일도 가능하게 해주었다. 이 모든 것이 수학 덕분이다.

아스트롤라베 시계

아스트롤라베 시계를 착용해 수학 마니아임을 뽐내보자. 온라인 쇼핑으로 구입이 가능하다. 너무 작아 실용성이 없다는 것이 단점이지만.

84

소금을 쏟아보자

수학 개념 : 안식각

수학은 어디에나 있다. 심지어 식탁 위에도 있다. 식탁 위에 종이를 깔고 소금을 부어보자. 소금은 예쁜 원뿔 형태를 이룬다. 이 원뿔은 그냥 예쁘기만 한 것이 아니다. 안식각angle of repose이라고 알려진 현상도 함께 보여준다. 안식각은 탁자의 수평면과 소금 더미의 표면이 이루는 각도를 말한다.

사실 모래와 돌맹이 등 입자 형태로 된 물질은 안식각이 있다. 산사태로 산비탈을 굴러떨어지는 바윗덩어리도 안식각이 있다. 이 각도는 무작위적이지 않고, 매번 바뀌지도 않는다. 안식각은 입자의 크기, 입자의 거칠기, 입자 사이의 수분(물은 입자를 뭉치게 한다.), 밑바닥면 거칠기 등의 요소가 어떻게 조합되는가에 따라 달라진다.

식용소금의 안식각은 32도다. 그런데 안식각은 더 클 수도, 작을 수도 있다. 나무껍질과 코코넛 조각의 안식각은 45도고, 젖은 흙의 안식각은 15도다. 안식각을 이용하면 자갈 같은 물질을 쌓아올린 더

미가 붕괴될지 여부도 계산할 수 있다. 그러니 다음 가족 모임에서 소금을 식탁 위에 마음놓고 쏟아도 좋다. 사람들한테는 수학을 연구하는 중이라고 말하면 된다!

여러 가지 물질의 안식각

항목	안식각
재	40도
겨	30~45도
자갈	30~35도
마른 모래	34도
눈	38도
밀	27도

4부

특별한 숫자

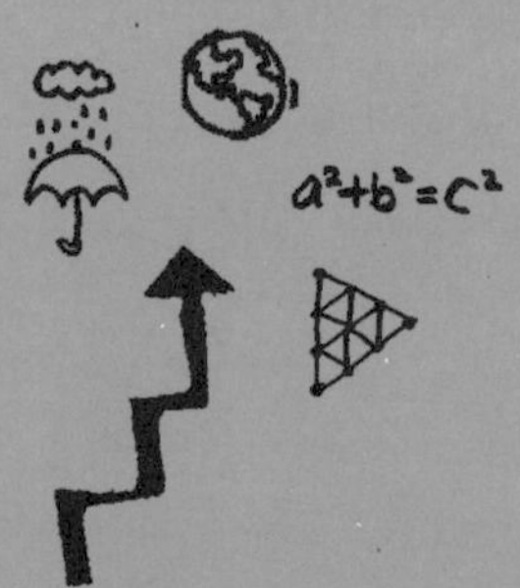

85

파이가 뭐라고 이 난리야?

수학 개념 : 무리수

아무 원이나 가져다 원주(원의 둘레)와 지름(원의 중심을 지나는 직선으로, 원의 둘레와 만나는 두 지점 사이의 거리)을 측정해보자. 길이가 같은가? 아니면 한쪽이 다른 쪽보다 얼마나 긴가?

원주는 지름보다 항상 길다. 놀랍지 않은가? 커피 잔의 둥근 원, 자전거 바퀴, 동전 등 모든 원에서 바깥 둘레의 길이는 중앙을 지나는 선분보다 항상 길다. 굳이 측정할 필요도 없다. 내 주장이 '참'임을 직접 입증해보고 싶다면 말릴 생각은 없다. 이것은 보편적인 속성이기 때문에 시간과 공간을 초월해 모든 원에 적용된다. 단, 여기서 논의하는 원은 모두 납작한 평면에 존재한다고 가정한다.

원주와 지름 사이의 관계에는 놀라운 사실이 한 가지 더 있다. 모든 원에서 원주는 지름과 비교할 때 항상 똑같은 양만큼 크다. 그런데 그 양이 39 같은 고정된 값이 아니다. 큰 원은 원주와 지름의 절대적인 크기 차이가 작은 원보다 당연히 더 크다. 여기서 똑같은 양이라는 것은 그 비율, 즉 상대적 차이를 말한다. 그럼 당신은 이렇게 말한다. "그거 멋지군요. 원주가 얼마나 더 큰데요? 한 배 반? 두 배?"

여기가 바로 원이 기묘해지는 대목이다. 원주가 정확히 얼마나 더 큰지 말하기가 쉽지 않기 때문이다. 원주가 지름보다 약 세 배 크다는 것은 수천 년 동안 알려져 있었지만, 사실 3.14배에 더 가깝다. 좀 더 정확히 말하면 3.14159…배다. 소수점 이하의 숫자들은 반복 없이 무한히 이어진다. 지금까지는 소수점 이하 8,000조 자릿수까지 계산한 것이 이 비율을 가장 정확하게 계산한 값이다.

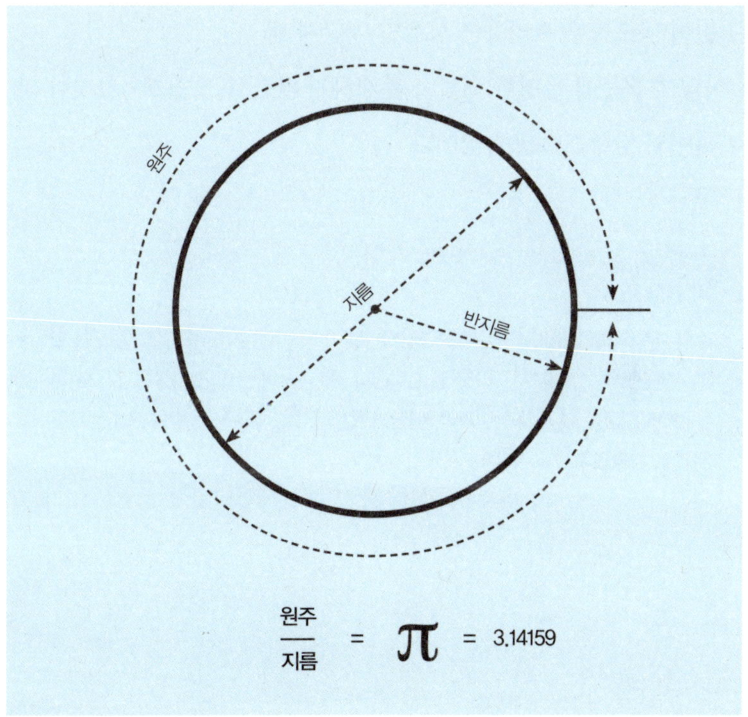

그림67 원주와 지름의 상대적 차이

원주가 지름보다 얼마나 더 큰지 말해주는 이 비율을 그리스 알파벳의 한 글자를 따서 파이$^{pi, \pi}$라고 한다. 사실 이름은 무엇을 갖다붙여도 상관없다. '개똥이', '말똥이'라고 불러도 상관없었을 것이다. 정말 중요한 것은 이것이 우리 세계에 얼마나 깊이 파고들었는가(이것은 모든 원에 숨어 있다.), 그리고 이것이 얼마나 이상한 숫자인가 하는 점이다. 파이가 얼마나 이상한 숫자인지 잘 이해할 수 있도록 친구가 당신에게 집에서 키우는 개보다 키가 얼마나 더 크냐고 물었다고 하자. 만약 당신이 이렇게 대답했다면? "글쎄, 확실히는 말 못하겠어. 우리 집 개보다 내가 두 배쯤 키가 크긴 한데, 측정하면 할수록 정확한 값이 나오지 않으리라는 사실만 깨닫게 돼."

어떻게 질문에 분명한 해답이 존재하지 않을 수 있을까? 그것이 바로 파이의 당황스러운 속성이다.

파이데이

수학 마니아에게 3월 14일은 아주 특별한 날이다. 이날은 파이데이로 알려져 있고, 기념행사는 오후 1시 59분에 시작한다. 월, 일, 시간의 숫자들을 결합하면 3.14159가 된다. 파이데이는 과학, 예술, 인간 지각을 체험하는 박물관인 샌프란시스코 과학관에서 시작했다.

특별한 수

수학 개념 : 소수

어떤 숫자는 특별하다. 그중 특별한 수가 바로 소수prime number다. 소수는 자기 자신과 1로만 나눌 수 있다. 예를 들어 5는 5와 1로만 나눌 수 있는 소수다. 하지만 10은 소수가 아니다. 1, 2, 5, 10으로 나눌 수 있기 때문이다. 소수는 고대 그리스인과 유클리드(위대한 수학자로 인류 문명에 심오한 영향을 미친《원론》의 저자) 이래 2,000년 넘게 수학자들을 매료시켜왔다.

소수는 모든 수의 기본 구성요소로 보이기 때문에 수학의 원자라 불리기도 한다. 그런데 소수가 나타나는 방식은 어떤 규칙도 따르지 않는 듯하다. 산술의 기본정리에 따르면, 1보다 큰 모든 수는 소수이거나 일련의 소수를 곱한 값이다. 몇 가지 예를 들어보자.

2는 소수다. 3은 소수다. 4=2×2. 5는 소수다. 6=2×3. 7은 소수다. 8=2×2×2. 9=3×3. 10=2×5. 11은 소수다. 12=2×2 ×3. 13은 소

수다.

이런 식으로 계속 이어진다. 소수는 모두 몇 개나 될까? 유클리드는 소수가 무한히 많다는 것을 이미 증명했다. 우리가 수직선을 제아무리 멀리 연장한다 해도 마지막 소수에는 결코 도달할 수 없다. 언제나 또 다른 소수가 등장한다.

유클리드가 어떻게 이런 결론에 도달했는지 살펴볼 만한 가치가 있다. 수학자들이 어떻게 추론을 통해 숫자와 그 속성에 대해 알아내는지 보여주는 좋은 예이기 때문이다.

1. 모든 수는 소수거나 소수만의 곱으로 나타낼 수 있음을 기억하자.
2. 우리는 귀류법 reductio ad absurdum 이라는 특별한 증명 방법을 이용할 것이다. 우리가 증명하려는 것의 반대 주장이 참이라고 가정하는 것이다. 이 반대 주장이 참이 아님이 밝혀지면 그 반대인 원래의 주장은 반드시 참이어야 한다.

바꿔 말하면, 소수의 숫자가 유한하다고 가정한 상태에서 논증을 진행한다는 말이다. 스포일러 경고! 우리의 증명이 논리적 모순에 부딪히면 그 반대가 참임을 간접적으로 증명한 것이 될 테고, 결국 소수의 숫자는 무한하다는 결론을 얻게 될 것이다.

먼저 '말뚱이'라는 숫자가 있다고 하자. '말뚱이'는 첫 소수부터 마지막 소수까지 모든 소수를 곱한 데다 1을 더한 숫자다(소수의 숫자가 유한하다고 가정하고 이야기를 진행하고 있음을 명심하자). 우리는 '말 똥이'가 소수이거나 두 개 이상의 소수의 곱이어야 한다는 것을 알고 있다. 만약 '말똥이'가 소수라면, 이것은 이미 우리가 처음에 작성했던 모든 소수의 목록에 들어 있지 않은 소수가 되므로 모순이다. 따라서 소수가 유한하다는 가정이 잘못임을 입증할 수 있다. 잠시 뿌듯함을 느껴도 좋다. 우리의 결론은 소수 목록의 크기에 상관없이 모두 적용되기 때문이다.

이번에는 '말똥이'가 소수가 아닌 경우를 고려해보자. 이것은 '말 똥이'가 둘이나 그 이상의 소수의 곱이어야 한다는 의미다. 그런데 우리의 목록에 올라 있는 소수 중에서 이 조건을 충족하는 소수는 존재하지 않는다. 그 소수들을 계산에 집어넣으면 항상 1이 나머지로 남기 때문이다. 따라서 우리 목록에 올라와 있지 않으면서 서로 곱하면 '말똥이'가 되는 다른 소수가 존재해야 한다.

이렇게 우리는 어떤 주어진 소수 집합에 대해서도 언제나 그 밖의 다른 소수가 존재할 수밖에 없음을 입증했다. 이것은 수학적 추론의 강력한 힘과 아름다움을 보여주는 한 가지 보기이다.

페르마 소수 Fermat Primes

일부 소수는 소수 중에서도 더 특이하다. 페르마 소수가 그렇다. 페르마 소수는 $2^{2^n}+1$의 형태를 띠는 페르마 수이면서 소수인 수를 말한다. 알려진 페르마 소수는 n값이 0, 1, 2, 3, 4에 해당하는 것밖에 없다. 이 값은 각각 3, 5, 17, 257, 65537에 해당한다.

87

신용카드는 어떻게 보안을 유지할까?

수학 개념 : 소수

온라인 쇼핑은 인터넷이 세상에 미친 커다란 영향 중 하나다. 그런데 전자상거래는 위험투성이로 보인다. 아마존 같은 쇼핑 사이트에서 신용카드 번호를 입력하고 '구입' 단추를 누를 때 해커가 그 전송을 가로채 숫자를 훔쳐가는 것을 무엇이 막아준단 말인가?

인터넷 보안과 일반적인 공개키 암호방식은 1과 자기 자신만으로 나눌 수 있는 특별한 수인 소수에 바탕을 두고 있다. 소수는 예를 들면 1, 3, 5, 7, 11… 등이 있는데, 소수의 수는 무한하고 숫자가 엄청나게 길어질 수도 있다. 소수 개수가 무한할 수밖에 없음을 보여주는 수학적 증명도 있지만, 그것은 다른 얘기다(86번 참조).

우리는 온라인에서 신용카드 번호를 입력할 때 RSA 알고리즘을 이용한다. 발명자의 이름(론 리베스트 Ron Rivest, 애디 샤미르 Adi Shamir, 레너드 애들먼 Leonard Adleman)을 딴 이 알고리즘은 1977년 만들어졌으며, 엄청나게 긴 소수를 이용하는 암호화 시스템이다. 이 시스템은 신용카드 번호를 또 다른 거대한 숫자, 무작위로 고른 두 개의 거대한 소수를 곱해 나온 숫자로 변환해 보안을 유지한다. 두 소수를 알면 이 새로운 숫자를 원래의 신용카드 번호로 변환한 수 있지만, 또 다른 수학적 사실 덕분에 자료는 안전하게 보안된다. 바로 거대한 수를 소수 두 개로 인수분해하기가 어마어마하게 어렵다는 것이다. 숫자의 크기가 충분히 클 때 정확한 두 인수를 찾으려면 슈퍼컴퓨터를 네트워크로 동원해도 수십만 년이 걸릴 정도다.

하지만 지난 몇 년 동안 RSA 시스템이 철통 보안은 아니라는 소문이 돌았다. 이 시스템의 완전성은 무작위 소수를 발생하는 데 달려 있는데, 이 일을 담당하는 프로그램인 난수 발생기가 항상 완벽하게 무작위적인 숫자를 만들어내는 것으로 보이지 않는다는 것이다. 이런 불일치성 때문에 사기꾼들이 두 소수의 정체를 알아 민감한 정보를 빼어갈 가능성이 열린다. 온라인 뱅킹이나 온라인 통신뿐 아니라 전자상거래도 지금까지는 안전한 듯 보이지만, 부디 수학자들이 좀 더 보안이 철저한 새로운 시스템을 고안하기 바란다.

비트코인

2008년 발명된 가상 통화인 비트코인을 이용하는 사람은 일종의 디지털 지갑을 갖고 있어야 한다. 이 디지털 지갑은 공개키 암호방식 덕분에 안전하게 남아 있다. 사실 비트코인은 암호에 의존해 도입한 최초의 통화다. 자신의 비트코인에 접근하려면 두 개의 키를 갖고 있어야 한다. 하나는 공개키고, 하나는 개인 비밀번호 같은 비밀키다. 두 개의 키는 수학적으로 연결되어 있다.

88

무한의 경이와 좌절

수학 개념 : 무한

무한을 나타내는 기호는 누구나 한번쯤 보았을 것이다. 8자를 옆으로 누이면 무한 기호가 된다(∞). 대체 무한은 무엇이며, 수학과 무한의 관계는 무엇인가?

가끔 무한은 불가능할 만큼 큰 수라 이해하지만, 이것은 그리 정확한 표현이 아니다. 무한은 숫자가 아니라 개념이다. 한계가 없는 것, 결코 끝나지 않는 것, 경계가 없는 것이라는 개념 말이다. 그런데도 무한은 수학에서 계속 머리를 내민다. 우리는 파이의 소수점 이하 자릿수가 무한히 이어진다고 말한다. 1을 3으로 나누었을 때 나오는 숫자 역시 마찬가지다. 기하학에서는 한 선 위에 점이 무한히 많다고 말한다. 직선은 양쪽 방향으로 무한히 뻗어나간다고 말한다. 무한은 수학 세계의 원주민이면서 동시에 이방인이다.

무한은 예술 분야에도 나타난다. 에서는 뫼비우스의 띠를 따라 기어다니며 무한 여행을 하는 개미를 판화로 그렸고, 단편소설 〈바벨의 도서관^{The Library of Babel}〉에서 작가 호르헤 루이스 보르헤스^{Jorge Luis Borges}는 끝없는 책 보관소를 상상했다. 이 보관소는 글자와 구두점으로 조합 가능한 모든 순열을 보관하고 있기 때문에 지금까지 쓰인 책뿐 아니라 미래에 쓰일 책까지도 필연적으로 모두 함께 보관된다.

무한이라는 개념은 일부 이상하게 들리는 개념으로도 이어졌다. 19세기 말에서 20세기 초 수학자 게오르크 칸토어^{Georg Cantor}는 크기가 서로 다른 무한이 존재한다는 추론을 내놓았다. 자연수(1, 2, 3, 4…)와 실수(파이, 1/3, 45.6778765 등)는 모두 무한하지만, 실수의 무한이 자연수의 무한보다 더 크다는 것이다. 무한을 생각하다보면 직관에 어긋나는 다른 개념으로도 이어진다. 1m 길이의 선에 들어 있는 점의 숫자는 무한한 길이의 선에 들어 있는 점의 숫자보다 작을 것이라 생각하겠지만, 사실 두 선에는 똑같은 무한의 점이 들어 있다.

무한이 매혹적인 것은 사실이지만 수학과 관련된 많은 것들과 마찬가지로 사람의 머릿속을 비비 꼬아 당혹과 좌절로 이끌기도 한다.

유한주의

모든 수학자가 무한의 개념을 받아들이지는 않는다. 수학 철학의 한 가지인 유한주의가 그렇다. 유한주의자들은 실재하는 것은 유한한 대상밖에 없다고 주장한다. 수학자 레오폴트 크로네커^{Leopold Kronecker}는 이렇게 말했다. "신은 자연수를 만들었다. 나머지 모든 것은 인간의 작품이다."

89

자연에서 보이는 피보나치 수

수학 개념 : 피보나치 수열

1202년 한 이탈리아 수학자가 《산반서算盤書, Liber abaci》를 펴냈다. 이 책에는 마법의 수열로 인정받게 되는 수열도 들어 있었다. 바로 그 수학자 레오나르도 피보나치Leonardo Fibonacci의 이름을 따서 지은 피보나치 수열이다. 이 숫자들은 처음에는 별것 아닌 것처럼 보인다. 1과 1(가끔은 0과 1)로 시작하고, 이어지는 각각의 숫자는 앞의 두 숫자를 더해 만들어지는 수열이다. 따라서 1+1=2이므로 다음 숫자는 2, 그 뒤로 3, 5, 8, 13, 21, 34 등등으로 이어진다. 이 수열에서 한 가지 흥미로운 점은 숫자가 비교적 신속하게 커진다는 것이다(18번째 수열까지 계산하면 다음과 같다. 0, 1, 1, 2, 3, 5, 8, 13, 21, 34, 55, 89, 144, 233, 377, 610, 987, 1,597.) 그런데 피보나치 수열에는 그보다 훨씬 주목할 만한 측면이 존재한다. 피보나치 수가 자연계에 놀라울 만큼 많이 등장한다는 점이다.

수학을 염두에 두고 세상을 바라보면 어디서든 피보나치 수를 발견할 수 있다. 예를 들어 나뭇잎이 자라는 방식에도 피보나치 수가 보인다. 한 줄기에서 이파리들이 배열되는 방식을 잎차례phyllotaxis라고 한다. 'phyllotaxis'는 식물과 배열을 의미하는 그리스어에서 나왔다. 일부 식물은 이파리가 줄기에 나선 패턴으로 돋아 있다. 한 이파리에서 시작해 나선 패턴을 따라 줄기를 돌며 위로 올라가 첫 번째 이파리 바로 위까지 오려면 몇 개의 이파리를 거쳐야 하는지 셀 수 있다. 한 이파리에서 바로 그 위의 이파리까지 줄기를 돌아가면서 만나는 이파리 개수와 줄기 주위를 도는 횟수는 두 피보나치 수로 이루어져 있고, 이것을 잎차례 비율이라고 한다. 예를 들어 사과나무 이파리는 비율이 2:5이고, 블랙베리와 개암나무는 1:3이다.

솔방울을 조사해보자. 솔방울을 꼭대기 쪽에서 바라보면 솔방울 비늘로 이루어진 두 집합의 곡선을 구분할 수 있다. 하나는 시계 방향으로, 다른 하나는 시계 반대 방향으로 돌아간다. 두 곡선 집합의 개수를 세어보면 서로 인접한 피보나치 수라는 것을 알 수 있다.

꿀벌과 피보나치 수

피보나치 수는 꿀벌의 족보에도 나타난다. 수벌은 수정이 되지 않은 난자에서 발생하기 때문에 부모가 하나(여왕벌)밖에 없다. 반면 암벌은 수정된 난자에서 발생하기 때문에 부모가 둘(여왕벌과 수벌)이다. 암벌과 수벌의 조상을 분석해보면 피보나치 수가 분명하게 드러난다. 수벌은 부모가 1, 조부모가 2, 증조부모가 3, 고조부모가 5, 현조부모가 8 등등으로 이어진다. 암벌은 부모가 2, 조부모가 3, 증조부모가 5, 고조부모가 8 등등으로 이어진다.

90

도서관의 혁신을 가져온 숫자

수학 개념 : 듀이 십진분류법

숫자는 우리 주변 어디에나 있고, 아주 다양한 역할을 수행한다. 교통신호판에 적힌 숫자는 허용된 운전 속도를 알려준다. 스포츠 경기의 전광판 숫자는 어느 팀이 이기고 있는지 보여준다. 의료 측정에 사용하는 숫자는 우리의 건강 척도를 수량화해 보여준다(혈압이나 콜레스테롤 수치 등). 숫자는 감각으로 알아차리기 어려운 세상의 측면들을 더 구체적으로 생각할 수 있게 도와준다. 어떤 숫자는 분류하고 정리하는 데 사용된다. 도서관에 꽂혀 있는 책에서 이런 숫자의 예를 볼 수 있다. 듀이 십진분류법Dewey decimal system에 속하는 숫자다.

멜빌 듀이Melvil Dewey는 앰허스트 대학교에서 일하던 1876년 이 시스템을 개발해 발표했다. 이 시스템은 도서관 과학화에 혁신을 불러왔다. 듀이 분류법이 도입되기 전에는 책이 주로 도서관에 들어온 날짜 순으로 선반에 놓였다. 하지만 듀이 분류법이 도입되면서 도서관 사서들은 책을 주제별로 배열했고, 도서관 이용자들은 직접 원하는 책을 찾을 수 있었다(그 전에는 도서관 이용자들이 서가에 들어갈 수 없었고, 사서들만 들어가 책을 빼올 수 있었다).

듀이 십진분류법을 구성하는 큰 분류 열 가지를 소개한다.

000 - 099 : 일반 주제

100 - 199 : 철학 및 심리학

200 - 299 : 종교

300 - 399 : 사회과학

400 - 499 : 언어

500 - 599 : 자연과학 및 수학

600 - 699 : 기술

700 - 799 : 예술

800 - 899 : 문학 및 작문

900 - 999 : 역사, 지리, 전기

510

당신이 읽고 있는 이 책은 듀이 십진분류법에서 510 수학 분야로 분류될 가능성이 많다. 그러나 우리나라에서는 한국십진분류법(KDC)을 따르므로 이 책은 410으로 분류된다.

91

난수는 정말 무작위인가?

수학 개념 : 정수론, 암호

누군가 이렇게 말하는 것을 들어보았을 것이다. "그거 정말 무작위 적이네." 무작위성이란 과연 무엇일까? 수학적 무작위성은 우리 생활과 어떤 관계가 있을까?

인터넷 시대에는 무작위성이 무척 중요하다. 온라인 뱅킹과 온라 인 쇼핑, 민감한 정보 전송 등 온라인에서 이루어지는 모든 거래는 결국 난수 발생을 통한 안전한 인터넷 연결에 달려 있다(87번 참조). 일련의 숫자에서 구분 가능한 패턴이 보이지 않고, 어떤 숫자 다음에 어떤 숫자가 나타날지 예측할 방법이 없을 때 그 수들을 무작위 숫 자, 즉 난수*random number*라고 한다. 주사위를 던져 나오는 숫자도 난수 다. 하지만 온라인 거래 규모가 방대해진 만큼 필요한 난수도 엄청 많기 때문에 그저 주사위 던지기, 제비뽑기, 카드뽑기 등으로는 도무 지 그 양을 감당할 수 없다.

그래서 과학자들은 컴퓨터를 이용해 난수를 만든다. 컴퓨터는 규칙에 따라 움직이는 존재라 본질적으로 결정론적인 기계다. 컴퓨터로 생성하는 난수는 진정한 난수가 될 수 없다. 누군가가 컴퓨터가 숫자를 고르는 알고리즘과 시드, 즉 시작값을 알게 된다면 어떤 값이 나올지 이론적으로 예측할 수 있다. 수열이 무작위로 보이지만 사실 그렇지 않은 것이다. 컴퓨터에 기반을 둔 '난수 발생기'를 '가짜 난수 발생기'라고 하는 이유가 이 때문이다.

하지만 과학자들은 전파 잡음, 광자의 양자적 행동, 열 방출 같은 물리적 현상을 조사하는 장치를 이용해 진짜 난수를 만드는 데 근접하기에 이르렀다. 이런 물리적 현상들은 사람이 만든 알고리즘 없이도 자체적인 무작위성을 만들어낼 수 있다. 인터넷 의존도가 높아짐에 따라 무작위성에 대한 의존도도 높아지는 상황에서 우리는 진정한 난수가 더욱 필요해졌다.

난수와 로또

난수 발생기는 과학자와 수학자만을 위한 도구가 아니다. 로또 구입을 즐겨하는 사람이라면 무작위로 로또 번호를 뽑아주는 웹사이트를 이용할 수도 있다. 다만 이것이 로또 당첨 가능성을 조금이라도 높여주는 것은 아님을 명심하자.

92

10의 제곱

수학 개념 : 척도

1977년 디자이너 찰스 임스^{Charles Eames}와 레이 임스^{Ray Eames} 부부는 작은 원자 영역에서 시작해 알려진 우주 경계에 이르기까지 우리 세계에 존재하는 다양한 범위의 척도를 보여주는 영화를 제작했다. 〈십의 제곱 : 우주 만물의 상대적 크기, 그리고 0을 하나 더 추가했을 때 나타나는 효과〉라는 이 영화는 시카고 공원에서 느긋하게 시간을 보내는 한 연인을 담은 장면에서 시작한다. 카메라는 연인과 1m쯤 떨어진 위치에 자리잡고 있다. 그리고 곧 카메라가 멀어진다. 10초마다 카메라는 연인으로부터 열 배 빠른 속도로 멀어지고, 그때마다 화면에는 그만큼 넓은 영역이 잡힌다. 머지않아 시카고 전체가 화면에 잡히고, 그다음에는 지구 전체가 잡힌다. 결국 시청자는 태양계, 심지어 우리은하와도 멀어지고, 빛의 속도로 도약하며 우주에 모여 있는 은하계의 구조를 한눈에 보게 된다.

그러다가 시점이 다시 처음에 등장한 연인으로 돌아와 남자의 손

을 확대해 들어간다. 이번에는 카메라가 10초마다 열 배 더 안쪽으로 접근해 결국 남자의 손에 있는 탄소 원자의 원자핵, 그리고 그 안에 있는 양성자와 중성자까지 도달한다. 모두 합치면 이 여행은 10^{-15}m 에서 10^{24}m까지 10의 40제곱을 망라하고 있다. 그저 척도 끝에 0만 추가하는 것으로도 가능했던 여행이다.

구골googol

어떤 숫자는 이름은 있지만 너무 커서 감이 안 잡힌다. 구골이 그런 숫자다. 1구골은 10^{100}, 즉 1 뒤로 0이 100개 붙은 숫자다. 구골은 1938년 수학자 에드워드 캐스너Edward Kasner의 9살 난 조카 밀턴 시로타Milton Sirotta가 만든 용어다. 구골이 대체 얼마나 큰 값일까? 참고로 우주에 존재하는 소립자의 개수는 모두 10^{80}개로 추산하고 있다.

93

미터법의 기원

수학 개념 : 측정

전 세계 국가들은 대부분 미터법을 표준 측정법으로 사용하고 있다. 1799년 프랑스에서 제정한 미터법은 마을별, 자치주별, 나라별로 뒤죽박죽이던 유럽의 측정 기준을 대체하기 위해 설계되었다. 미터법은 미터, 킬로그램, 초 등 일련의 기본 단위를 정의해 측정을 단순화하고, 접두사를 부가해 단위를 바꿀 수 있게 했다. 접두사들은 10의 배수에 바탕을 두고 있기 때문에 십진법이라고도 알려져 있다. 접두사를 일부 소개하면 다음과 같다.

마이크로^{micro} = 1/1,000,000

밀리^{milli} = 1/1,000

센티^{centi} = 1/100

데시^{deci} = 1/10

데카^{deca} = 10

헵타^{hepta} = 100

킬로^{kilo} = 1,000

메가^{mega} = 1,000,000

예를 들어 1킬로미터는 1,000m와 같은 거리고, 1밀리그램은 1g의 1/1,000의 질량에 해당한다. 미터법의 다른 기본 단위로는 전류의 단위인 암페어, 열역학적 온도의 단위인 켈빈, 물질의 양을 나타내는 단위인 몰, 광도의 단위인 칸델라 등이 있다.

미터법에서 매력적인 부분 중 하나는 기본 단위를 정확히 어떻게 정의하는가 하는 것이다. 미터를 생각해보자. 처음에는 미터원기가 적도와 북극 사이의 거리를 파리를 통과하게 측정한 거리의 천만 분의 1로 정의했다. 하지만 지구의 만곡이 살짝 납작하다는 것이 이 계산에서 빠져 있었다. 이는 0.2mm 정도 오차가 생긴다는 말이다(지구는 완벽한 구체가 아니다). 그 후 1889년 미터를 백금과 이리듐으로 만든 특정 금속막대의 길이로 정의했다. 과학자들은 이것이 불편했다. 금속막대는 온도에 따라 형태가 변할 수 있고, 적절하게 지지해주지

단위	센티미터	미터	인치	피트	야드	마일
1cm	1	0.01	0.3937	0.0328	0.0109	–
1m	100	1	39.37	3.2808	1.0936	0.0006
1in	2.54	0.0254	1	0.0833	0.0278	–
1ft	30.48	0.3048	12	1	0.3333	0.0001
1yd	91.438	0.9144	36	3	1	0.0005
1miles	160930	1609.3	63360	5280	1760	1

그림69 세계적으로 통용되는 도량형의 기본 단위

않으면 변형이 일어나기 때문이다. 그렇다고 미터 막대의 온도와 지지 시스템을 함께 정의하려면 센티미터 등 미터법 단위를 이용해야 하는데, 미터 막대 자체가 길이의 표준 단위이기 때문에 이것을 다른 미터법 길이 단위로 정의할 수는 없었다.

요즘에는 미터원기를 훨씬 더 보편적인 방법으로 정의하고 있다. 요즘 1m의 정의는 빛이 진공을 1/299,792,458초 동안 움직인 거리다.

영국식 도량형

미터법과 대조되는 것이 영국식 도량형이다. 수세기에 걸쳐 영국에서 발전한 측정 단위들로 구성되어 있고, 고대 로마인과 앵글로색슨족이 사용한 측정 단위를 포함하고 있다. 여기서 사용하는 단위는 '드램', '질', '혹스헤드', '런들릿' 등 발음이 듣기 좋은 경우가 많다. 와인에 친숙한 사람이면 4.5리터 들이 병은 르호보암, 15리터 들이 병은 느부갓네살이라고 부른다는 것도 잘 알 것이다.

94

정말정말 짧은 시간

수학 개념 : 아토초

수학은 기본적으로 수를 다루는데, 그중에는 상상이 불가능해 보이는 숫자도 있다. 예를 들어 인간이 측정한 가장 짧은 지속 시간은 얼마 정도일까?

최근 독일 '막스 보른 비선형광학 및 단펄스분광학 연구소'의 과학자들은 12아토초attosecond 단위로 측정하는 방법을 찾아냈다. 아토초는 얼마나 짧은 시간일까? 1아토초는 1초의 백만 분의 백만 분의 백만 분의 1, 즉 1/1,000,000,000,000,000,000초나. 이것이 얼마나 짧은 시간이냐고? 빛이 1아토초에 움직일 수 있는 거리는 수소 원자 세 개의 길이에 불과하다. 비교를 통해 감을 잡자면, 1아토초 대 1초는 1초 대 320억 년과 같다. 320억 년은 우주 나이의 세 배와 맞먹는다.

덴마크어로 '18'을 의미하는 접두사 '아토'는 미터법 자릿수에 포함되었다. 미터법에는 크고 작은 척도의 양을 지칭하는 다양한 접두사가 포함되어 있는데, 여기 현재 사용하는 접두사 목록을 소개한다.

요타(yotta-)	10^{24} 또는 1셉틸리언(septillion, 자)
제타(zetta-)	10^{21} 또는 1섹스틸리언(sextillion, 십해)
엑사(exa-)	10^{18} 또는 1퀸틸리언(quintillion, 백경)
페타(peta-)	10^{15} 또는 1쿼드릴리언(quadrillion, 천조)
테라(tera-)	10^{12} 또는 1트릴리언(trillion, 조)
기가(giga-)	10^{9} 또는 1빌리언(billion, 십어)
메가(mega-)	10^{6} 또는 1밀리언(million, 백만)
킬로(kilo-)	10^{3} 또는 1,000(thousand, 천)
밀리(milli-)	10^{-3}
마이크로(micro-)	10^{-6}
나노(nano-)	10^{-9}
피코(pico-)	10^{-12}
펨토(femto-)	10^{-15}
아토(atto-)	10^{-18}
젭토(zepto-)	10^{-21}
욕토(yocto-)	10^{-24}

플래시

빛의 속도로 달리는 만화 속 등장인물 플래시는 1아토초보다 짧은 시간 동안 지속되는 사건도 감지할 수 있다. 물론 우리에게 아토초란 눈 깜짝할 사이보다 훨씬 짧은 시간이다.

95

〈최후의 만찬〉이 아름다운 이유

수학 개념 : 황금비

레오나르도 다빈치의 〈최후의 만찬The Last Supper〉과 미켈란젤로의 시스티나 성당 천장벽화의 공통점은 무엇일까? 둘 다 황금비Golden Ratio를 갖고 있다는 것이다. 황금비란 자연과 인간 활동에서 두루 발견되는 숫자 사이의 관계를 말한다.

수학시간에 우리는 비율이란 두 숫자나 측정치를 비교하는 방법이라 배웠다. 일례로 문 네 개짜리 세단이 있다고 하자. 이 차는 좌석 네 개, 바퀴 네 개가 있을 가능성이 많다. 문 대 바퀴의 비율은 4:4다. 이것을 간단히 1:1로 표기할 수 있다. 아니면 당신이 애완동물을 좋아해 강아지 2마리와 고양이 5마리를 키운다고 하자. 그럼 강아지와 고양이의 비율은 2:5가 된다.

황금비도 이와 비슷한 비율이다. 다만 그 비율이 1:1이나 2:5가 아니라 1:1.618이다. 사실 두 번째 숫자는 반복 없이 무한히 이어진다. 편의를 위해 간략하게 나타냈을 뿐이다. 소수점 이하 자릿수를 더 적

으면 다음과 같다. 1.61803398874989….

황금 사각형이라는 도형에서도 황금비를 찾을 수 있다. 이 사각형의 폭 대 길이의 비율은 1:1.618이다. 게다가 이 사각형 안에 정사각형을 꽉 채워 그리면, 남은 사각형도 원래의 큰 사각형과 같은 비율을 갖는다! 바꿔 말하면 작은 폭 대 작은 길이의 비율(b:a)과 큰 폭 대 큰 길이의 비율(a:a+b)이 같다.

이 비율이 대단히 보기 좋다는 것을 발견한 이후 수세기 동안 건축

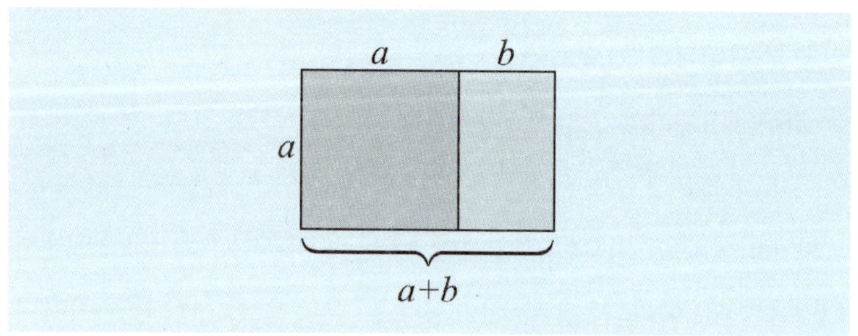

그림71 황금비를 보이는 황금 사각형

가와 미술가들은 디자인할 때 황금비를 즐겨 사용했다. 여기 몇 가지 예를 소개한다.

- 아테네 파르테논 신전 정면부의 둘레에 가상의 사각형을 그리면 황금비가 나온다.
- 세계 7대 불가사의에 속하는 기자의 대피라미드도 황금비를 나타낸다. 피라미드 바닥 정사각형 한 변의 절반 길이에 대한 한 빗변의 길이의 비율은 1.61804다(피라미드 바닥 정사각형 한 변의 길이와 피라미드 높이의 비율 역시 황금비다).
- 레오나르도 다빈치의 〈최후의 만찬〉과 미켈란젤로가 시스티나 성당 천장에 그린 〈아담의 창조The Creation of Adam〉를 분석해보면 두 그림의 구도가 황금비를 띠고 있음을 알 수 있다.

어느 박물관에 가도 1:1.618의 비율을 보이는 예는 넘쳐난다. 도시 경관 역시 마찬가지다. 이 비율은 우리 주변 곳곳에 스며들어 있다.

황금비! 사실인가, 허구인가?

인류가 오랜 세월 동안 미술과 건축에 황금비를 사용했다고 믿는 사람이 많다. 하지만 일부 수학자들은 이런 주장을 뒷받침할 증거는 없으며, 피라미드, 파르테논 신전, 심지어 레오나르도 다빈치의 작품에 황금비가 사용되었다는 개념은 신화에 불과하다고 주장한다.

96

이중나선구조의 비율

수학 개념 : 황금비

황금비는 미술 세계만이 아니라 자연에도 반복해 등장하는 주제다. 사실 황금비는 당신의 일부다. 당신의 몸속 모든 세포의 DNA 분자마다 새겨져 있다. 디옥시리보핵산, 즉 DNA는 단백질을 만드는 데 필요한 지시사항을 부호로 담고 있다. 이렇게 만들어진 단백질은 다시 몸속 기관과 조직의 구조를 만들고, 그 기능을 조절하는 데 도움을 준다. 1953년 제임스 왓슨James Watson과 프랜시스 크릭Francis Crick이 DNA 분자 구조를 발견한 것은 유명한 일이다. 나선구조 한 바퀴의 길이는 34옹스트롬, 폭은 21옹스트롬이다(옹스트롬은 1cm의 1억 분의 1). 두 숫자의 비율은 1:1.6190으로 황금비인 1.618에 아주 가깝다.

34와 21은 또 다른 이유로 특별하다. 이 두 숫자는 피보나치가 13세기에 기술했던 피보나치 수열에도 등장한다(89번 참조). 피보나치 수열에서 각각의 수는 앞에 나온 두 수를 더해 만들어지는데, 이웃한 임의의 두 수를 골라 비교하면 인접한 두 숫자 사이의 비율이 황금

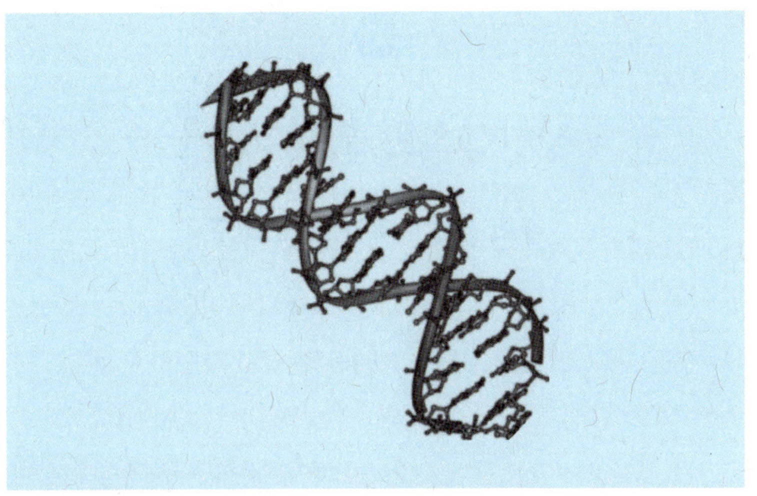

비에 가깝다. 더군다나 숫자가 커질수록 더 가까운 근사치가 나온다. 이를테면 수열에서 일찍 등장하는 5와 8의 비율은 1:1.6이지만 뒤에 나오는 377과 610의 비율은 1:1.61803714다. 이 값은 황금비의 실제 값과 소수점 다섯 자리까지 일치한다.

파이와 황금비

미국 수학자 마크 바Mark Barr는 고대 그리스 조각가 페이디아스Pheidias를 기념하기 위해 1909년 그리스 글자 파이φ를 황금비 기호로 처음 사용했다. 페이디아스는 자신의 작품에 황금비를 사용한 것으로 알려져 있다.

97

장난감으로 도형그리기

수학 개념 : 에피트로코이드

장난감을 이용해 퍽 흥미로운 수학적 도형을 그릴 수 있다. 회전그래프^{spirograph}가 그 예다. 이것을 갖고 놀면 하이포트로코이드^{hypotrochoid}와 윤전곡선^{輪轉曲線, roulette}은 물론 에피트로코이드^{epitrochoid}에 대해서도 감을 잡을 수 있다. 이 장난감을 갖고 논 사람은 도넛처럼 중앙이 뚫리고 안팎으로 톱니바퀴가 있는 두 개의 플라스틱 원을 알 것이다.

그리고 바깥쪽 둘레에 톱니바퀴가 있고, 가운데 여기저기에 볼펜 끝을 끼울 수 있는 구멍이 난 플라스틱 바퀴가 여러 개 함께 있다는 것도 말이

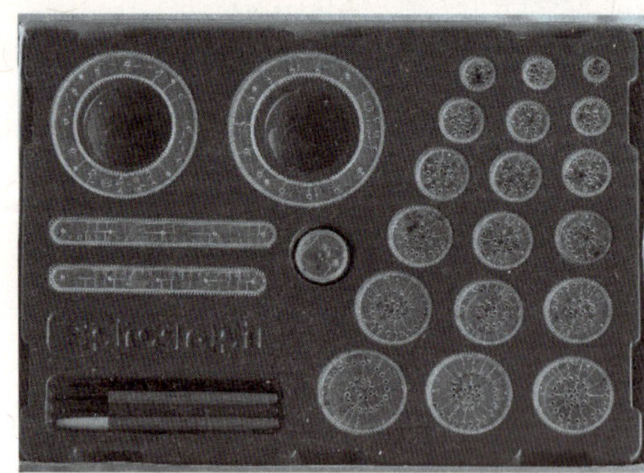

그림73 다양한 도형을 그릴 수 있는 회전그래프

다. 두 개의 플라스틱 원 중 하나를 종이에 댄 다음 플라스틱 바퀴를 골라 플라스틱 원의 안쪽이나 바깥쪽 톱니바퀴에 물리고 볼펜 끝을 바퀴 안쪽 구멍에 끼운다. 그런 다음 볼펜을 이용해 원을 따라 바퀴를 돌리면 정교한 기하학적 패턴을 그릴 수 있다.

이 대목에서 이상한 수학 용어가 튀어나온다. 바퀴를 원의 바깥쪽 둘레에 물려 그리면 에피트로코이드라는 패턴이 나온다. 이 패턴은 원의 가장자리를 향해 급강하하다가 다시 거기서 멀어지는 일련의 곡선처럼 보인다. 반면, 바퀴를 원의 안쪽 둘레에 물려 그리면 하이포트로코이드라는 패턴이 나온다. 이 패턴은 불가사리, 면이 안쪽으로 휜 오각형, 별 등의 모양으로 보인다. 두 곡선 모두 윤전곡선의 특별한 보기다. 윤전곡선이란 고정된 표면을 따라 한 도형(꼭 원일 필요는 없다.)이 굴러갈 때 그 도형 위의 한 점이 그리는 불안정한 형태의 궤적을 말한다.

방켈 로터리 엔진

일부 마쓰다 자동차에서 사용하는 방켈 로터리 엔진의 하우징은 에피트로코이드처럼 생겼다. 이 엔진을 발명한 독일 공학자 펠릭스 방켈Felix Wankel은 1929년 이 엔진으로 첫 특허를 받았다. 피스톤으로 구동하는 엔진과 달리 방켈 엔진은 가동 부품이 하나밖에 없다. 엔진 내부를 보면 변이 살짝 부푼 삼각형 같은 회전 부품이 보인다.

98

외계 지적 생명체 탐사

수학 개념 : 확률

지금 이 순간에도 미국 샌프란시스코 북쪽의 거대한 망원경군이 외계문명의 흔적을 찾아 하늘을 뒤지고 있다. 망원경군의 건설에 기여한 전직 마이크로소프트 경영진 폴 앨런Paul Allen의 이름을 딴 앨런 망원경군ATA : Allen Telescope Array은 직경이 6.1m인 전파망원경 42개로 구성되어 있다(망원경 수를 350개로 늘릴 계획이 마련되어 있다). 이 망원경들은 캘리포니아 마운틴뷰에 기반을 둔 조직인 외계 지적 생명체 탐사SETI : Search for Extraterrestrial Intelligence에서 사용 중이다. 망원경이 모두 자리잡으면 총 1만 평방미터의 면적을 차지할 것이다.

온갖 신호 처리에 필요한 수학은 차치하더라도, 이 프로젝트를 떠받치는 생각 역시 수학이 뒷받침하고 있다. 1961년 SETI 창립 구성원인 프랭크 드레이크Frank Drake는 지구에서 감지 가능한 신호를 만들어낼 능력을 갖춘 외계문명을 탐사할 때 고려해야 할 모든 요소를 담은 방정식을 만들어냈다. 바로 드레이크 방정식이다.

$$N = R^* f_p n_e f_l f_i f_c L$$

각 항목에 대한 정의는 다음과 같다.

$N =$ 인류가 감지할 수 있는 전자기파를 방출하는 우리은하 안의 외계문명 숫자

$R^* =$ 지적 생명체 발달에 적합한 항성이 형성되는 비율

$f_p =$ 그중 행성을 거느리는 항성의 비율

$n_e =$ 생명체 발달에 적합한 환경을 가진 항성 중 행성의 숫자

$f_l =$ 그중 실제로 생명체가 살고 있는 행성의 비율

$f_i =$ 그중 지적 생명체가 사는 행성의 비율

$f_c =$ 그중 우리가 감지할 수 있는 신호를 방출하는 외계문명의 비율

$L =$ 그런 외계문명이 신호를 우주로 방출하는 시간의 길이

이런 경우 수학 언어를 이용하면 집단의 생각을 구체화하고 프로젝트 관련 변수를 명확히 하는 데 도움이 된다.

페르미 역설 Fermi Paradox

물리학자 엔리코 페르미Enrico Fermi는 외계문명에 대해서도 관심이 많아 페르미 역설을 발전시키는 데 기여했다. 페르미의 계산에 따르면, 지금쯤이면 외계 지적 생명체가 우리와 연락이 닿았어야 하는데 결과는 그렇지 않았다. 이에 페르미가 던진 질문은 유명하다. "다들 어디 있는 거지?"

99

수학으로 종족을 보존하는 매미

수학 개념 : 소수

곤충에 대해서도 수학적으로 재미있는 이야깃거리가 있을까? 십칠년매미에 관해서라면 분명 그렇다고 할 수 있다. 미국 동부 숲에서 사는 이 매미 종은 여름이면 짝을 구하려고 나뭇가지에 앉아 열심히 울어댄다.

십칠년매미는 수학과 관련된 독특한 생활주기를 갖고 있는데, 일생을 대부분 애벌레로 땅속에 머물면서 나무의 영양분을 옮기는 수액을 먹고 산다. 하지만 몇 년 지나면 흙을 뚫고 나와 나비처럼 껍질을 벗고 날개 달린 성충이 되어 짝짓기를 한다. 애벌레는 정확히 언제 땅을 뚫고 나올까? 이 중대한 사건은 종에 따라 13년 또는 17년마다 일어난다. 이 숫자는 아무 의미 없는 수가 아니다. 13과 17은 자기 자신과 1로만 나눌 수 있는 소수다. 다른 소수로는 5, 11 등이 있다 (86번 참조).

매미는 왜 자신의 생활주기에 소수를 끌어들였을까? 일부 과학자

그림74 수학적 방어 메커니즘을 가진 십칠년매미

들은 포식자를 피하기 위해서라고 추측한다. 소수가 어떻게 포식자로부터 매미를 보호한단 말일까? 매미가 6년마다 한 번씩 땅에서 나온다고 해보자. 6은 1, 2, 3, 6으로 나눌 수 있기 때문에 이런 햇수를 주기로 생활하는 동물은 매미의 생활주기와 동기화될 테고, 새로운 매미 세대는 땅으로 나올 때마다 그 동물의 공격을 받을 수밖에 없다. 하지만 매미는 소수의 햇수를 바탕으로 하는 주기를 따르기 때문에 그 순간에 다른 동물의 새끼에게 잡아먹힐 확률이 줄어든다. 십칠년매미는 사실상 소수를 자신의 방어 메커니즘으로 사용하는 것이다.

대나무

번식 일정을 포식자와 연계하는 생명체가 매미만은 아니다. 일례로 일본대나무는 120년마다 한 번씩 꽃을 피운다. 과학자들은 지체 시간이 이렇게 길게 진화한 이유는 대나무 씨앗을 먹고 사는 설치류가 꽃을 피우는 시간 사이에 죽게 만들기 위한 것이라고 추측하고 있다. 사실상 설치류의 개체수를 조절한다는 얘기다. 이 대나무는 어디에 심든 상관없이 시계처럼 정확하게 120년 만에 꽃을 피운다.

100

2진법의 매력

수학 개념 : 진법

우리는 매일 사용하는 숫자에 익숙해 숫자의 특성을 제대로 알아채지 못할 때가 있다. 하지만 숫자들을 자세히 들여다보면 특이한 부분이 눈에 들어온다. 일례로 우리가 사용하는 수는 0, 1, 2, 3, 4, 5, 6, 7, 8, 9 이렇게 딱 10개로 이루어져 있다. 그런데 '열', 아니면 '여든다섯'이나 '삼천하나'를 지칭하는 숫자는 왜 따로 없을까? 그 이유는 우리가 10을 기수로 하는 10진법을 사용하기 때문이다. 10진법에서는 숫자가 차지하는 각각의 자리가 10의 특정 제곱수를 나타낸다. 그 자리에 1, 2, 3 또는 다른 숫자가 오면, 우리는 그 숫자에 10의 특정 제곱수를 곱한다.

642를 예로 들어보자. 이 숫자는 2가 오른쪽 첫째 자리를 차지하고 있다. 이 자리는 1 또는 10^0 자릿수다. 따라서 2에 그냥 1을 곱하면 된다. 왼쪽으로 그다음 숫자는 4다. 4는 10 또는 10^1 자릿수에 있다. 따라서 4에 10을 곱해준다. 그리고 6은 100 또는 10^2 자릿수에 있다. 따라서 6에 100을 곱해준다. 그러면 642라는 수는 (6×100)+(4×10)+(2×1), 즉 '육백사십이'라는 값을 갖는다.

기수가 10이 아닌 다른 진법도 있을까? 물론이다. 2를 기수로 하는 2진법이다. 사실 컴퓨터가 존재할 수 있는 것은 바로 2진법 덕분이다! 10진법과 마찬가지로 2진법도 자릿수를 이용한다. 제일 오른쪽 자릿수는 1 또는 2^0 자릿수다. 그다음 왼쪽 자릿수는 2 또는 2^1 자릿수다. 그다음으로는 4, 8, 16 자릿수가 이어진다. 그런데 10진법과 달리 2진법에는 1과 0, 두 숫자밖에 없다. 따라서 2진법으로 5를 쓰려면 이렇게 써야 한다.

101

4의 자릿수에 1이 있고, 2의 자릿수에 0, 1의 자릿수에 1이 있다. 이것을 모두 합하면 5가 나온다. 컴퓨터에서 2진법을 사용하는 주된 이유는 열 가지 서로 다른 상태를 구분하는 것보다 1과 0이라는 두 가지 상태를 구분하는 것이 훨씬 쉽기 때문이다. 1은 켜진 상태, 0은 꺼진 상태에 해당한다.

1과 0

1과 0은 글자를 부호화할 때도 사용할 수 있다. 2진 부호는 각각의 글자를 여덟 개의 0과 1로 이루어진 고유의 문자열로 변환시킨다. 16세기 사상가 프랜시스 베이컨Francis Bacon과 17세기 수학자 겸 철학자 고트프리트 라이프니츠는 이런 부호 방식을 변형한 형태들을 탐구했다.

사진 출처

ⓒbradhoc/Flickr, 13쪽; ⓒLocalhost00/wikimedia commons, 14쪽; ⓒAvsa, Acadac/wikimedia commons, 16쪽; ⓒTsirel/wikimedia commons, 18쪽; ⓒPaul Jackson Pollock, 〈Number 14: Gray〉(1948), 21쪽; ⓒWrtlprnft/wikimedia commons, 24쪽; ⓒFractalgeometry123/wikimedia commons, 24쪽; ⓒTttrung/wikimedia commons, 26쪽; ⓒnosha/Flickr, 30쪽; ⓒMarnanel, Maksim, Jkasd/wikimedia commons, 33쪽; ⓒwikimedia commons, 43쪽; ⓒClover Autrey/Flickr, 48쪽; ⓒDavid B. Gleason/Flickr, 50쪽; ⓒtsuna72/Flickr, 52쪽; ⓒEmanuele/Flickr, 54쪽; ⓒMPD01605/Flickr, 57쪽; ⓒElvert Barnes/Flickr, 59쪽; ⓒAlphonse Capriani/wikimedia commons, 59쪽; ⓒNASA Blueshift/wikimedia commons, 62쪽; ⓒA.Spielhoff/wikimedia commons, 64쪽; ⓒNicku/shutterstock, 70쪽; ⓒHarald/Flickr, 72쪽; ⓒAaron Rotenberg/wikimedia commons, 76쪽; ⓒJiahui Huang/Flickr, 79쪽; ⓒBromskloss/wikimedia commons, 82쪽; ⓒMiaow Miaow/wikimedia commons, 85쪽; ⓒKoenB/wikimedia commons, 86쪽; ⓒLars H. Rohwedder/wikimedia commons, 86쪽; ⓒStrebe/wikimedia commons, 87쪽; ⓒDominic Rooney/Flickr, 89쪽; ⓒLászló Németh/wikimedia commons, 91쪽; ⓒZeimusu/wikimedia commons, 92쪽;

세상을 움직이는 수학개념 100

1판 1쇄 인쇄 2026년 1월 30일
1판 1쇄 발행 2026년 2월 10일

—

지은이 라파엘 로젠
옮긴이 김성훈

—

펴낸이 백성빈
펴낸곳 반니출판
주소 서울 서초구 서초중앙로 69 806호
전화 02-6204-0491
전자우편 banni@banni.co.kr
출판등록 2025년 10월 13일 (제2025-000266호)

—

ISBN 979-11-24280-18-8 03410

—

책값은 뒤표지에 있습니다.
잘못된 책은 구입하신 곳에서 교환해드립니다.